全国技工院校计算机类专业教材（中／高级技能层级）

Internet基础与应用

（第四版）

U0209006

主　编　奚一飞

主　审　方　宏

中国劳动社会保障出版社

简介

本书主要内容包括 Internet 的使用、Internet 的接入、Internet 的使用安全、Internet 的故障检查等。
本书由奚一飞任主编，王鑫参加编写，方宏任主审。

图书在版编目（CIP）数据

Internet 基础与应用 / 奚一飞主编. -- 4 版. -- 北京：中国劳动社会保障出版社，2024

全国技工院校计算机类专业教材. 中 / 高级技能层级

ISBN 978-7-5167-6394-0

Ⅰ.①I… Ⅱ.①奚… Ⅲ.①互联网络－技工学校－教材 Ⅳ.①TP393.4

中国国家版本馆 CIP 数据核字（2024）第 061962 号

中国劳动社会保障出版社出版发行

（北京市惠新东街 1 号 邮政编码：100029）

*

北京宏伟双华印刷有限公司印刷装订 新华书店经销

787 毫米 × 1092 毫米 16 开本 10 印张 196 千字
2024 年 4 月第 4 版 2024 年 4 月第 1 次印刷

定价：26.00 元

营销中心电话：400-606-6496

出版社网址：http://www.class.com.cn

http://jg.class.com.cn

前　言

　　为了更好地满足全国技工院校计算机类专业的教学要求，适应计算机行业的发展现状，全面提升教学质量，我们组织全国有关学校的一线教师和行业、企业专家，在充分调研企业用人需求和学校教学情况、吸收借鉴各地技工院校教学改革的成功经验的基础上，根据人力资源社会保障部颁布的《全国技工院校专业目录》及相关教学文件，对全国技工院校计算机类专业教材进行了修订和新编。

　　本次修订（新编）的教材涉及计算机类专业通用基础模块及办公软件、多媒体应用软件、辅助设计软件、计算机应用维修、网络应用、程序设计、操作指导等多个专业模块。

　　本次修订（新编）工作的重点主要有以下几个方面。

突出技工教育特色

　　坚持以能力为本位，突出技工教育特色。根据计算机类专业毕业生就业岗位的实际需要和行业发展趋势，合理确定学生应具备的能力和知识结构，对教材内容及其深度、难度进行了调整。同时，进一步突出实际应用能力的培养，以满足社会对技能型人才的需求。

　　针对计算机软、硬件更新迅速的特点，在教学内容选取上，既注重体现新软件、新知识，又兼顾技工院校教学实际条件。在教学内容组织上，不是局限于某一计算机软件版本或硬件产品的具体功能，而是更注重学生应用能力的拓展，使学生能够触类旁通，提升综合能力，为后续专业课程的学习和未来工作中解决实际问题打下良好的基础。

创新教材内容形式

在编写模式上，根据技工院校学生认知规律，以完成具体工作任务为主线组织教材内容，将理论知识的讲解与工作任务载体有机结合，激发学生的学习兴趣，提高学生的实践能力。

在表现形式上，通过丰富的操作步骤图片和软件截图详尽地指导学生了解软件功能并完成工作任务，使教材内容更加直观、形象。结合计算机类专业教材的特点，多数教材采用四色印刷，图文并茂，增强了教材内容的表现效果，提高了教材的可读性。

本次修订（新编）工作还针对大部分教材创新开发了配套的实训题集，在教材所学内容基础上提供了丰富的实训练习题目和素材，供学生巩固练习使用，既节省了教材篇幅，又能帮助学生进一步提高所学知识与技能的实际应用能力。

提供丰富教学资源

在教学服务方面，为方便教师教学和学生学习，配套提供了制作素材、电子课件、教案示例等教学资源，可通过技工教育网（http://jg.class.com.cn）下载使用。除此之外，在部分教材中还借助二维码技术，针对教材中的重点、难点内容，开发制作了操作演示微视频，可使用移动设备扫描书中二维码在线观看。

致谢

本次修订（新编）工作得到了河北、山西、黑龙江、江苏、山东、河南、湖北、湖南、广东、重庆等省（直辖市）人力资源社会保障厅（局）及有关学校的大力支持，在此我们表示诚挚的谢意。

编者

2023 年 4 月

目　录

CONTENTS

项目一
Internet 的使用

自 20 世纪 60 年代以来，计算机网络的应用已经深入人们的工作、学习和生活中，可以通过 ADSL、LAN、光纤等方式连接到 Internet（因特网、互联网）中，享受 Internet 所提供的服务，如浏览网页、传输文件、收发电子邮件、观看视频等。随着移动网络的发展和智能手机的普及，人们的生活已经处处离不开网络，如超市、银行、政府部门和学校等已普遍提供基于网络的服务。总之，网络应用无处不在。

通过本项目的学习对计算机网络有一个基本的了解和认识，熟悉计算机网络的分类，掌握计算机网络的主要功能和应用。

具体任务设置如下。

➤ Edge 浏览器的使用。

➤ 搜索引擎和下载工具的使用。

➤ 电子邮件的使用。

➤ 即时通信工具 QQ 的使用。

➤ 体验网络购物。

任务 1　Edge 浏览器的使用

学习目标

1. 掌握网络中 URL 及域名的概念。
2. 了解 TCP/IP 协议。
3. 掌握 Edge 浏览器的相关知识。
4. 能使用 Edge 浏览器访问 Internet，并对 Edge 浏览器进行设置。

任务引入

　　Internet 是一个通过无数台计算机和网络设备连接起来的全球范围的计算机网络。浏览器是上网时必须具备的软件，它在用户和 Internet 之间打开一个窗口进行联络，用户通过浏览器能看到 Internet 中多彩的世界。本任务通过使用 Edge 浏览器访问 Internet、对 Edge 浏览器进行设置、对站点进行收藏和保存，来掌握网络中 URL 及域名的概念，并了解 TCP/IP 协议在网络与窗口之间是如何实现通信的。

任务实施

一、认识 Edge 浏览器操作界面

　　Edge 浏览器的全称为 Microsoft Edge，是由微软公司开发的，于 2022 年 6 月 16 日全面取代 IE 浏览器。

1. 启动 Edge 浏览器

　　Edge 浏览器一般都是作为 Windows 系列操作系统的自带浏览器集成在系统中的，使用鼠标左键双击（以下简称双击）桌面上 Edge 浏览器的图标 即可启动。

2. 认识 Edge 浏览器的操作界面

　　Edge 浏览器的操作界面如图 1-1-1 所示，其各部分的功能如下。

图 1-1-1　Edge 浏览器的操作界面

（1）控制栏

与 Windows 操作系统的其他窗口类似，控制栏从左到右依次是"最小化窗口"按钮、"最大化窗口"按钮、"关闭窗口"按钮，用于在浏览网页的过程中控制浏览器窗体的大小或关闭浏览器。

（2）菜单按钮

菜单按钮包含了 Edge 浏览器的所有操作命令，浏览器的所有功能都能在这些菜单中得到实现。

（3）工具栏

在工具栏中，用户只需要使用鼠标左键单击（以下简称单击）这些按钮就可以实现相应的功能。

如图 1-1-2 所示，分别单击"后退""主页""收藏夹""刷新"等按钮，可以执行相应的操作。

1）"后退"按钮，单击该按钮可返回到最近一次访问过的网页。

2）"主页"按钮，单击该按钮可返回到用户自己设定的浏览器刚打开时所显示的默认页面。

3）"收藏夹"按钮，单击该按钮会显示下拉菜单，菜单中列出了用户收藏的网站名称，单击菜单中的某网站名称即可迅速访问该网站页面。

4）"刷新"按钮，单击该按钮可使浏览器再次从服务器站点读取当前网页的内容，常用于网页下载中断的情况。

图 1-1-2　Edge 浏览器工具栏上的按钮

（4）侧边栏

侧边栏可以由用户根据使用需求对常用应用和网站进行设置，如图 1-1-3 所示。

（5）地址栏

在地址栏中输入要浏览网页的网址，然后按回车键，系统就会自动地与该网页取得链接交互信息。

（6）标签栏

在同时打开多个网页页面时，每个网页页面都会以标签的形式显示在标签栏中，单击这些标签就可以转到相应的网页页面。

（7）浏览窗口

浏览窗口也叫作浏览区，是显示网页具体页面内容的区域，用户可以拖动右侧或下方的滚动条来调整要浏览页面的位置。

二、通过 Edge 浏览器访问 Internet

1. 通过地址栏浏览网页

图 1-1-3　侧边栏的设置

启动 Edge 浏览器后弹出的页面为系统默认设置的主页页面，只要在地址栏中输入要浏览网页的网址，如图 1-1-4 所示在地址栏输入 "http://www.qq.com"，然后按回车键就可以打开相应的页面，如图 1-1-5 所示。

图 1-1-4　在地址栏输入 "http://www.qq.com"

图 1-1-5　腾讯网主页

2. 通过超链接浏览网页

将鼠标指针移到网页中的某个超链接处，当鼠标指针变成 🖑 形状时，单击该超链接即可弹出与之相对应的网页页面，如图 1-1-6 所示。

图 1-1-6　通过超链接浏览网页

三、对 Edge 浏览器进行设置

1. 设置 Edge 浏览器的默认主页

默认主页是 Edge 浏览器每次打开时首先显示的页面，为满足每位用户的个性化需求，Edge 浏览器可以实现默认主页的自定义设置。如把主页设置为"www.hao123.com"，其操作步骤如下。

（1）启动 Edge 浏览器，单击按钮┄，在弹出的下拉菜单中单击"设置"命令，如图 1-1-7 所示。

（2）在弹出的标签页中选择"开始、主页和新建标签页"选项卡，再在选项卡页面中分别选择"Microsoft Edge 启动时""开始按钮"项并在地址栏内都输入"www.hao123.com"，最后单击右侧"保存"按钮，浏览器的默认主页设置过程如图 1-1-8 所示。

（3）此时关闭浏览器，再重新启动，单击"主页"按钮后即可打开"www.hao123.com"的页面，默认主页打开效果如图 1-1-9 所示。

2. Edge 浏览器的历史记录和临时文件管理

（1）打开 Edge 浏览器，单击窗口右下角"设置"按钮，并在弹出的页面中选择"隐私、搜索和服务"选项卡，如图 1-1-10 所示。

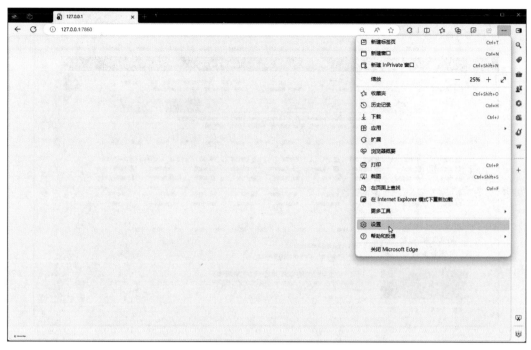

图 1-1-7 单击"设置"命令

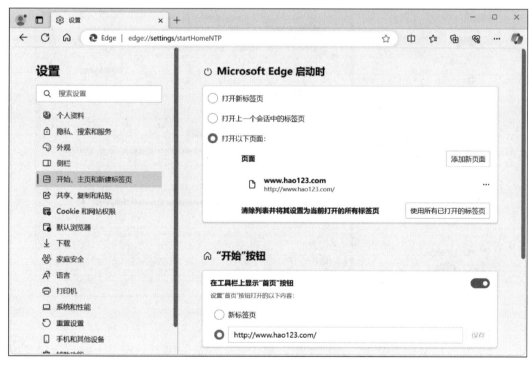

图 1-1-8 浏览器的默认主页设置过程

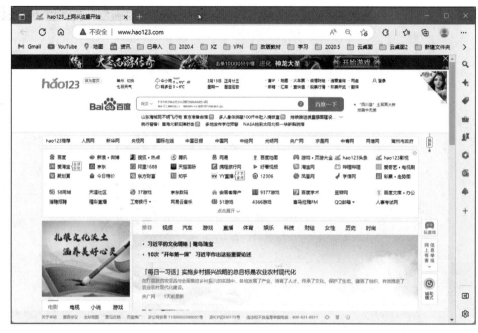

图 1-1-9　默认主页打开效果

图 1-1-10　"隐私、搜索和服务"选项卡

（2）在"清除浏览数据"选项卡中，单击"立即清除浏览数据"下的"选择要清除的内容"按钮，在"时间范围"下拉菜单中选择浏览数据的时间范围，最后单击"立即清除"按钮即可，如图 1-1-11 所示。

图 1-1-11 清除浏览数据

（3）此外 Edge 浏览器带有云同步功能（如果已打开同步或个性化），若管理和删除 Microsoft 云中保存的数据，需使用微软账号登录 https://account.microsoft.com/privacy/ 网页。在页面上可以查看或删除数据（从隐私面板中删除的数据不会从设备中删除），如图 1-1-12 所示。

图 1-1-12 云数据的查看

提示

可在 Edge 浏览器中删除的数据信息，见表 1-1-1。

表 1-1-1 可在 Edge 浏览器中删除的数据信息

信息类型	将删除的内容	存储的位置
浏览历史记录	所访问站点的 URL，以及每次访问的日期和时间	本地设备与所有同步设备
下载历史记录	从 Web 下载的文件列表，这仅会删除列表，不会删除下载的实际文件	仅本地设备
Cookie 和其他站点数据	网站存储在设备上以记住首选项的信息和数据，例如登录信息、位置或媒体许可证	仅本地设备
缓存的图像和文件	存储在设备上的页面、图像和其他媒体内容的副本。下次访问站点时，浏览器可以使用这些副本更快地加载内容	仅本地设备
密码	已保存的站点密码	本地设备与所有同步设备
自动填充表单数据	输入表单中的信息，如电子邮件、信用卡或配送地址	本地设备与所有同步设备
以前版本中的所有数据	旧版 Microsoft Edge 中的所有数据，包括历史记录、收藏夹、密码等	本地设备与所有同步设备
站点权限	每个网站的各类权限设置，包括位置、Cookie、弹出窗口和媒体自动播放	仅本地设备
媒体基础数据	包括许可证、证书和密码等。重启 Microsoft Edge 浏览器后，将清除数据	本地设备与所有同步设备

四、站点收藏和保存

1. 将正在浏览的网页添加至收藏夹

如果用户正在浏览某一网页，认为以后可能还会用到这个网页，则可以将其添加到收藏夹中，下次浏览该网页时直接单击收藏夹中的标签即可。其具体操作步骤如下（以收藏正在浏览的"中国大学 MOOC"网页为例）。

（1）在正在浏览"中国大学 MOOC"网页的浏览器上，单击"收藏夹"按钮，如图 1-1-13 所示。

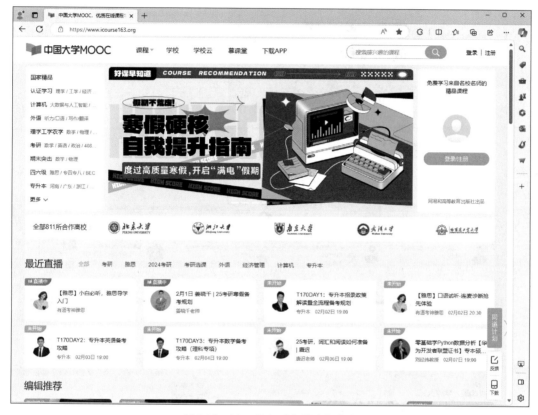

图 1-1-13　单击"收藏夹"按钮

（2）在弹出的"已添加到收藏夹"对话框中，输入所收藏网页的名称标签（也可以采用默认名称），单击"完成"按钮即可，"已添加到收藏夹"对话框如图 1-1-14 所示。

（3）再次访问该网页时只需打开收藏夹，单击对应的页面标签即可，如图 1-1-15 所示。

2. 保存正在浏览的整个网页

在浏览网页时，若想将网页信息保存，以便

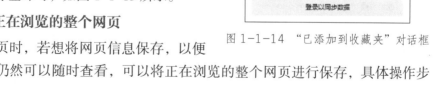

图 1-1-14　"已添加到收藏夹"对话框

断开网络之后仍然可以随时查看，可以将正在浏览的整个网页进行保存，具体操作步骤如下。

（1）单击浏览器中的 ⋯ 按钮，在下拉菜单中单击"更多工具"选项，单击"将页面另存为"选项，如图 1-1-16 所示。

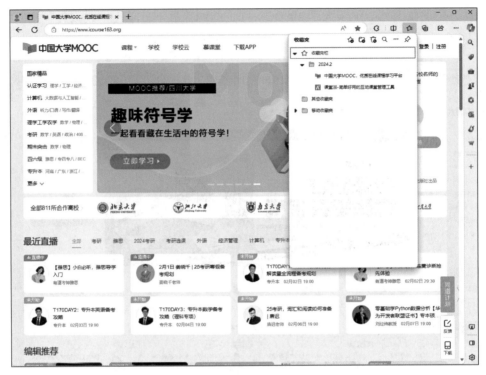

图 1-1-15 通过收藏夹打开网页

图 1-1-16 单击"将页面另存为"选项

（2）在弹出的"另存为"对话框中，选择存储该网页的硬盘位置后单击"保存"按钮即可。

（3）保存之后的网页在存储位置显示为 ，包含一个 htm 页面文件和一个用来存储该页面中所用到的图片、图标等的文件夹，两个文件需同时存放。如果删除存放图片的文件夹，则 htm 页面中的图片将不能正常显示。

（4）在网络断开的情况下要浏览已保存的网页，单击对应的 htm 页面文件即可。

3. 保存网页中的图片

（1）在想要保存的图片上单击鼠标右键（以下简称右击），在弹出的快捷菜单中，选择"将图像另存为"选项，如图 1-1-17 所示。

图 1-1-17　选择"将图像另存为"选项

（2）在弹出的"另存为"对话框中，选择存放此图片的硬盘位置后单击"保存"按钮即可。

一、URL 地址、IP 地址和域名的概念

1. URL 地址

URL 地址即统一资源定位符（URL，universal resource locator）也称为网页地址，俗称"网址"，是 Internet 上标准的资源地址。Internet 上的每一个网页都具有一个唯一的名称标识，即 URL 地址，这个地址可以是本地磁盘，也可以是局域网上的某一台计算机，更多的是 Internet 上的网络站点。

URL 地址由协议类型、主机名、路径及文件名组成，如图 1-1-18 所示。

图 1-1-18　URL 地址

2. IP 地址

IP 地址是在网络上分配给每台计算机或网络设备的 32 位数字标识。为了便于阅读和记忆，用点号将 IP 地址分成 4 个 8 位二进制组，每个 8 位二进制组用十进制数 0 ~ 255 表示，称为点分十进制。例如，某台主机的 IP 地址是 219.134.132.131。在同一个网络中，每台计算机或网络设备的 IP 地址是唯一的。

3. 域名

域名是由一串用点号分隔的名字组成的 Internet 上某一台计算机或计算机组的名称，用于在数据传输时标识计算机的电子方位。它是与网站主页 IP 地址相对应的一串容易记忆的字符，是由若干个从 a 到 z 的 26 个英文字母、0 到 9 的 10 个阿拉伯数字及"—""."符号构成并按一定的层次和逻辑排列的名称。如 www.sina.com.cn（新浪网），www.cnnic.net.cn（中国互联网络信息中心），www.ynu.edu.cn（云南大学），www.redcross.org.cn（中国红十字会），www.caep.ac.cn（中国工程物理研究院），www.yn.gov.cn（云南省人民政府门户网站）等。

域名分为不同级别，包括顶级域名、二级域名等。顶级域名又分为两类，一类是国家顶级域名，另一类是国际顶级域名。

（1）顶级域名

1）国家顶级域名，如中国是 cn，美国是 us，日本是 jp 等。

2）国际顶级域名，常见的国际顶级域名有：.com 域名表示商业机构；.net 域名表示网络服务机构；.edu 域名表示教育机构；.org 域名表示各种非营利性的组织机构；.gov 域名表示政府机构；.ac 域名表示科研机构。

（2）二级域名

二级域名是指顶级域名之下的域名，是域名的倒数第二个部分。在国际顶级域名下，则是指域名注册人的网上名称，例如 ibm、yahoo、microsoft 等；在国家顶级域名下，则是指表示注册单位类别的符号，例如 ".com"".edu"".gov"".net" 等。

二、TCP/IP 协议

计算机网络是由多个相互连接的节点组成的，节点之间需要不断地交换数据与控制信息。为了做到有条不紊地交换数据，每个节点都必须遵守一些事先约定好的规则。这些为进行计算机网络中的数据交换而建立的规则、标准或约定的集合被称为网络协议（Protocol）。

常用的网络协议为 TCP/IP 协议（传输控制协议 / 因特网互联协议），又称为网络通信协议，它是 Internet 最基本的协议，主要包括 TCP 协议、IP 协议、UDP 协议、ICMP 协议、HTTP 协议、FTP 协议、Telnet 协议、SMTP 协议等。

TCP/IP 协议采用层次体系结构，自下而上分别为网络接口层、网际层、传输层和应用层，每一层都实现特定的网络功能。

1. 网络接口层

网络接口层提供 TCP/IP 协议的数据结构与各种物理网络的接口。物理网络是指各种局域网和广域网，如以太网（Ethernet）和 X.25 公共分组交换网等。

2. 网际层

网际层解决计算机与计算机之间的通信问题，这一层的通信协议统一为 IP 协议。

3. 传输层

传输层提供可靠传输的方法，其常用的协议是 TCP 协议（传输控制协议）和 UDP 协议（用户数据报协议）。TCP 协议提供了可靠的传输机制，能够自动检测丢失的数据并自动重传，弥补 IP 协议的不足。TCP 协议和 IP 协议总是协调一致地工作，以确保数据的可靠传输。

4. 应用层

应用层是 TCP/IP 协议栈的顶层。所有的应用程序都包含在这一层中，使用该层来获得访问网络的权限。目前，常用的应用层协议有 HTTP 协议、FTP 协议、Telnet 协议和 SMTP 协议等。

（1）HTTP 协议

HTTP 协议即超文本传输协议，它是互联网上应用最为广泛的一种网络协议，所有的 WWW 文件都必须遵守这个标准，以便用户浏览器与 Web 服务器进行交流。它是一种无连接协议，即 Web 浏览器和 Web 服务器彼此之间不需要建立连接，它们只是来回发送独立的消息。

（2）FTP 协议

FTP 协议即文件传输协议，它是基于客户和服务器模型设计的，在客户和服务器之间利用 TCP 协议建立一个双重连接，一个是控制连接，另一个是数据连接。建立双重连接的原因在于 FTP 是一个交互式会话系统，客户每次调用 FTP，都要与服务器建立一个会话，会话以控制连接来维持，直至退出 FTP。

（3）Telnet 协议

Telnet 协议即远程登录协议，它是 Internet 远程登录服务的标准协议和主要方式。远程登录的根本目的在于访问远地系统的资源，而且像远地机的当地用户一样。远程登录者先在本地终端上对远地系统进行登录，然后将本地终端的输入数据等发送到远地机，再将远地机返回的数据送回本地终端。常用的终端仿真软件 Xshell、PuTTY 就是利用 Telnet 协议进行通信的。

（4）SMTP 协议

SMTP 协议即简单邮件传输协议，它是一种提供可靠且有效电子邮件传输的协议。SMTP 协议是建立在 FTP 文件传输协议上的一种邮件协议，主要用于传输系统之间的邮件信息并提供与邮件有关的通知。

三、浏览器相关知识

1. 超链接

超链接是指从一个网页指向另一个目标的链接关系，这个目标可以是另一个网页，也可以是相同网页上的不同位置，或者是一个图片、一个电子邮件地址、一个文件，甚至是一个应用程序。而在一个网页中用来设置超链接的对象，可以是图片、文字、三维图像、动画等。超链接实际上就是网页的一部分，它是一种允许用户同其他网页或站点之间进行连接的元素。

2. 历史记录

历史记录文件夹记录了最近一段时间内用户浏览过的网页。在默认设置天数以内，用户浏览过的网页地址都会被自动保存，如图 1-1-19 所示。

3. 临时文件

在浏览网页时，看到的内容都要先下载到用户计算机里，然后才能调用浏览，这

图 1-1-19　历史记录

些先下载的内容就是临时文件。临时文件默认的保存位置是"C:\···\Temporary Internet Files",它存放着用户最近浏览过的网页内容。临时文件的优点是可以提高用户的上网浏览速度,其缺点是占用硬盘的磁盘空间,所以需要经常清理。

4. Cookie

Cookie 是指某些网站为了辨别用户身份、进行 Session 跟踪而储存在用户本地终端上的数据(通常经过加密),通常包括用户名、密码、注册账户、手机号码等用户个人信息。Cookie 好比是商场发送的会员卡。顾客在商场购物结账时,商场可以决定是否给顾客赠送一张会员卡,会员卡上记载着与顾客有关的信息(如顾客姓名、联系方式、累计购物的金额和有效期限等)。顾客可以决定是否接受会员卡,一旦顾客接受了会员卡,那么在以后每次光顾该商场时,都将携带这张会员卡,商场也将根据这张会员卡上记载的信息进行一些特殊的事务处理。

四、其他常用浏览器介绍

其他常用的浏览器还有 360 安全浏览器、搜狗浏览器等,其使用方法和 Edge 浏览器基本类似。

1. 360 安全浏览器

360 安全浏览器（见图 1-1-20）是互联网上使用较为安全的新一代浏览器，拥有全国最大的恶意网址库，采用恶意网址拦截技术，可自动拦截含有木马病毒、欺诈程序、网银仿冒等内容的恶意网址。它拥有沙箱技术，在隔离模式下即使访问含有木马病毒的网站也不会被木马病毒所感染。

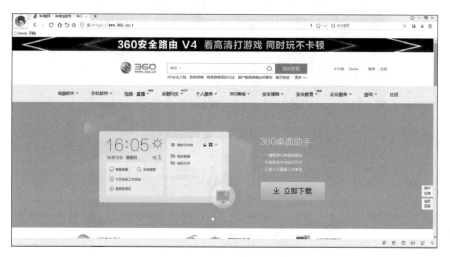

图 1-1-20　360 安全浏览器

2. 搜狗浏览器

搜狗浏览器（见图 1-1-21）是由搜狗公司开发的，力求为用户提供跨终端无缝使用体验，让上网更简单、网页阅读更流畅的浏览器。搜狗手机浏览器还具有 Wi-Fi 预加载、收藏同步、夜间模式、无痕浏览、自定义炫彩皮肤、手势操作等众多易用功能。

图 1-1-21　搜狗浏览器

知识拓展

Edge 浏览器的安全设置

Edge 浏览器具有详细的网站权限管理机制，用户可以方便地自定义每个网站的各项权限，以便在浏览网页时更加安全，其具体的实现步骤如下。

1. 打开浏览器，打开目标网页，单击地址栏左侧的锁状按钮，单击"此网站的权限"选项，如图 1-1-22 所示。

2. 在弹出的"设置"页面可以更改站点权限，例如要修改"麦克风"的权限，则单击"麦克风"右侧的下拉菜

图 1-1-22　单击"此网站的权限"选项

单，在弹出的列表中按需选择询问（默认）、允许、阻止即可，如图 1-1-23 所示。

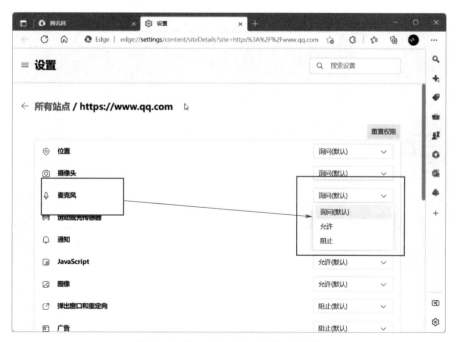

图 1-1-23　修改"麦克风"的权限

1. 把"新浪网"首页设置为 Edge 浏览器的主页。

2. 利用 hao123 网址之家的链接打开"新华网"，并将其主页面保存到本机上。

3. 把"http://www.sina.com.cn"添加到收藏夹。

4. 将 Edge 浏览器保存历史记录的最长天数设置为 7 天，并删除计算机上以前所存储的临时文件。

任务 2　搜索引擎和下载工具的使用

1. 掌握搜索引擎的使用技巧。
2. 掌握下载工具的安装和使用方法。
3. 能熟练运用搜索引擎和下载工具查询并下载网络资源。

在互联网日益普及的今天，搜索引擎已成为学习工作中不可或缺的网络工具。那么究竟该如何高效地运用搜索引擎呢？当搜索到心仪的网络资源后又该如何进行下载呢？

一、高效运用百度搜索引擎

1. 并行搜索

在搜索引擎搜索框中输入多个查询词，并在查询词之间加入"|"符号，如输入"中国|工匠"，如图 1-2-1 所示，并行搜索见表 1-2-1。

图 1-2-1　并行搜索

表 1-2-1　并行搜索

项目	说明
方法	在查询词 A 和 B 中间加入"|"符号
用途	搜索结果会包含词语 A 和词语 B 中的任意一个，不必同时包含这两个词语
示例	搜索"中国|工匠"，得到的网页将包含"中国"或者"工匠"

2. 指定网站搜索

在搜索引擎搜索框中输入查询词，并在查询词后加入"site: 网站名"，如输入"技能大赛 site：www.czjsy.com"，如图 1-2-2 所示，指定网站搜索见表 1-2-2。

图 1-2-2　指定网站搜索

表 1-2-2　指定网站搜索

项目	说明
方法	在查询词后输入"site: 网站名"，冒号使用英文半角，后面不加空格，紧跟网站名
用途	搜索结果来自指定的网站
示例	搜索"技能大赛 site:www.czjsy.com"，得到的网页都将来自网址为"http://www.czjsy.com"的网站

3. URL 中搜索

在搜索引擎搜索框中输入查询词，并在查询词前加上"inurl:"，如输入"inurl:QQ"，如图 1-2-3 所示，URL 中搜索见表 1-2-3。

图 1-2-3　URL 中搜索

表 1-2-3　URL 中搜索

项目	说明
方法	在查询词前加上"inurl:"，冒号使用英文半角，后面不加空格；如有两个以上查询词，词前加上"allinurl:"，格式与前面相同
用途	搜索结果中，查询词将出现在网页的 URL 网址里
示例	搜索"inurl:QQ"，得到的网页的 URL 地址中一定含有"QQ"

4. 政府网页搜索

在搜索引擎搜索框中输入查询词，并在查询词前加上"inurl:gov"，如输入"inurl:gov 社会保障"，如图 1-2-4 所示，政府网页搜索见表 1-2-4。

图 1-2-4　政府网页搜索

表 1-2-4　政府网页搜索

项目	说明
方法	在查询词前加上"inurl:gov"，冒号使用英文半角，后面不加空格
用途	搜索结果的网页 URL 网址中都带有"gov"，都是政府网页，能提高搜索结果的权威性
示例	搜索"inurl:gov 社会保障"，得到的结果都是来自政府社会保障部门的网页

5. 不包含某个词搜索

在搜索引擎搜索框中输入查询词，并在查询词后加上空格与减号"-"，然后再加上不想搜到的词，如输入"技能 -大赛"，如图 1-2-5 所示，不包含某个词搜索见表 1-2-5。

图 1-2-5 不包含某个词搜索

表 1-2-5 不包含某个词搜索

项目	说明
方法	在不想搜到的词前加上减号"－"，减号前需要加空格，减号后不加空格
用途	搜索结果中都将不包含减号后的词，含有该词的网页将被过滤掉
示例	搜索"技能－大赛"，得到的将是只包含"技能"而不包含"大赛"的网页

6. 完整搜索

在搜索引擎搜索框中输入查询词，在查询词外加上双引号""，如输入"技能大赛"，如图 1-2-6 所示，完整搜索见表 1-2-6。

图 1-2-6　完整搜索

表 1-2-6　完整搜索

项目	说明
方法	在查询词外加上双引号""，双引号使用英文半角
用途	将查询词作为不可分割的整体进行搜索
示例	搜索"技能大赛"，得到的将是完整包含"技能大赛"词组而不是分别带有"技能"和"大赛"的网页

7. 图片搜索

在日常的学习工作中，经常需要了解某张图片的来源和相关信息，或者查找到与之相似的图片，这时就可以利用百度搜索引擎的图片搜索功能。以搜索如图 1-2-7 所示图片的来源和相关信息为例，其操作步骤如下。

（1）打开百度搜索引擎

在浏览器地址栏中输入"www.baidu.com"，并按回车键打开百度搜索引擎。在百度搜索栏右侧可以看到一个相机按钮，单击该按钮即弹出上传图片页面，如图 1-2-8 所示。

图 1-2-7　技能竞赛选手

图 1-2-8　弹出上传图片页面

（2）上传图片

在上传图片页面中，单击"选择文件"按钮，然后选择想要搜索的图片，单击"打开"按钮，如图 1-2-9 所示；也可以将待搜索图片直接拖动到上传图片页面，如图 1-2-10 所示。

图 1-2-9　单击"打开"按钮

图 1-2-10　拖动图片进行上传

（3）查看搜索结果

等待一会，搜索页面将显示出所有与这幅图片有关的信息和相似图片，如图 1-2-11 所示。

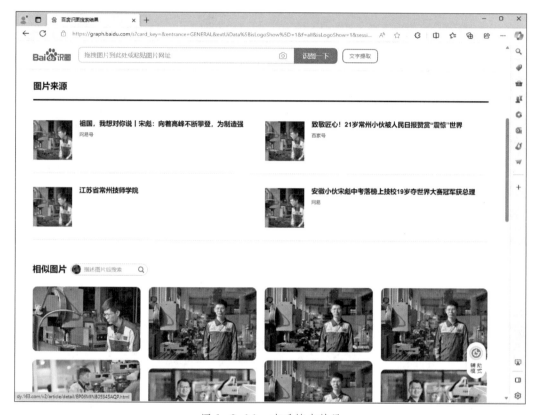

图 1-2-11　查看搜索结果

二、安装并使用迅雷

1. 安装迅雷

通过浏览器进入迅雷官网（https://www.xunlei.com/），然后单击"查看所有产品"按钮，如图 1-2-12 所示，选择对应的操作系统类型后，单击"立即下载"按钮，如图 1-2-13 所示。

成功下载迅雷软件后，在本地磁盘中找到下载的迅雷安装包，双击安装程序图标后将弹出迅雷软件安装窗口，在安装窗口中设置好安装位置后，勾选"同意《用户许可协议》"复选框，单击"开始安装"按钮，如图 1-2-14 所示，进入软件安装过程。

软件安装成功后，在计算机桌面上会生成迅雷软件的快捷方式，如图 1-2-15 所示。

图 1-2-12　单击"查看所有产品"按钮

图 1-2-13　单击"立即下载"按钮

图 1-2-14　单击"开始安装"按钮

图 1-2-15　在计算机桌面上会生成迅雷软件的快捷方式

2. 创建常规下载

迅雷软件安装完成后，当单击磁力链接或种子下载链接时，迅雷软件将自动运行，弹出下载信息预览窗口，如图 1-2-16 所示，在其中设置好保存路径后，单击"立即下载"按钮，即可下载资源。

3. 离线云下载

离线云下载就是下载工具的服务器代替用户计算机先行下载，离线云下载完成后，可在线预览或从服务器上以更快的速度再下载到用户的计算机上，以节省时间，腾出带宽以提升下载速度，同时释放带宽与存储空间。离线云下载的具体操作步骤如下。

图 1-2-16　下载信息预览窗口

（1）在新建任务对话框的"下载到："选项卡中，勾选"云盘"选项，如图 1-2-17 所示。

图 1-2-17　勾选"云盘"选项

（2）接着单击右侧 ▼ 按钮，在弹出的窗口中单击"打开云盘目录"按钮，弹出如图 1-2-18 所示的"选择云盘保存路径"对话框，选择保存的（云存储）目录，最后单击"确定"按钮，即可将要下载的内容下载到云存储空间。

图 1-2-18　"选择云盘保存路径"对话框

（3）资源下载完成后，可以单击左侧"云盘"选项卡以预览所下载的文件。

（4）如需将文件存储到本地硬盘，则可勾选中所需文件，然后单击悬浮工具栏中的"下载"按钮，如图 1-2-19 所示。

图 1-2-19　单击悬浮工具栏中的"下载"按钮

（5）在弹出的"下载文件"对话框中，选择存储位置并单击"立即下载"按钮，即可下载所需文件到本地，如图 1-2-20 所示。

图 1-2-20　选择存储位置并单击"立即下载"按钮

一、网络搜索引擎

网络搜索引擎是指以一定的策略对 Internet 上的网络资源进行搜集整理，供用户查询使用的软件或平台，按信息搜集方式的不同可分为全文搜索引擎和目录搜索引擎两类。

1. 全文搜索引擎

全文搜索引擎是一种基于关键字的搜索方式。全文搜索引擎的工作原理是由一个蜘蛛程序以某种策略自动地在互联网中搜集和存储信息，建立自己的索引数据库供用户查询。当用户输入要查询的关键词后，检索与用户查询条件相匹配的记录，按一定的排列顺序将结果返回给用户。

全文搜索引擎的优点是信息量大、更新及时、无须人工干预，其缺点是返回的信息量过多，存在大量冗余信息，用户必须从结果中进行筛选。

常用的全文搜索引擎有百度、中搜、搜狗搜索、360 搜索、必应搜索等。

2. 目录搜索引擎

目录搜索引擎是以人工方式或半自动方式搜集信息，人工形成信息摘要，并将信息存储在事先确定好的分类框架中。目录搜索引擎提供目录浏览服务和直接检索服务，用户不用进行关键词查询，仅靠分类目录即可找到需要的信息，所以目录索引虽然有搜索功能，但在严格意义上并不算真正的搜索引擎，仅仅是按目录分类的网站链接列表。

目录搜索引擎因为有人的参与，所以查询信息准确率高，但是其缺点也很明显，需要人工方式搜索信息，信息维护量很大，搜索到的信息少，信息更新不及时。

二、网盘资源的共享

网盘资源共享是指将个人或组织存储在网盘上的文件、文档、图片、音频、视频等资源分享给他人或特定群体。通过网盘资源共享，用户可以方便地传递信息、协作办公，甚至搭建个人或团队的知识库。这对于提高工作效率、促进信息传递以及团队间的合作具有重要意义，如图 1-2-21 所示。

图 1-2-21 腾讯文档协作示例

在实际应用中，网盘资源共享可以通过公开分享、私密分享、设置权限等方式进行。不同的网盘平台提供了相应的共享功能，用户可以根据需求选择合适的共享方式。常见的支持文件共享的网盘平台有百度网盘（见图 1-2-22）、115 网盘、腾讯微云、OneDrive 等。

图 1-2-22　百度网盘共享示例

三、迅雷远程下载

迅雷远程下载是一种跨地域远程控制的下载方式，通过网页或者手机 app 远程遥控异地下载器或者迅雷客户端来添加下载任务。

1. 进入远程下载控制界面

通过迅雷软件或者直接打开迅雷远程下载网站（http://yuancheng.xunlei.com/），登录迅雷账号后，进入远程下载控制界面，如图 1-2-23 所示。

2. 绑定下载器

进入远程下载控制界面后迅雷会提醒用户绑定下载到的设备，可根据情况选择需要绑定的设备，然后输入下载器绑定码，单击"绑定"按钮，如图 1-2-24 所示。

3. 创建远程下载任务

与使用迅雷本地下载一样，单击"新建"按钮，将想要下载资源的链接复制到"新建下载任务"对话框中就可以创建远程下载任务了，如图 1-2-25 所示，在任务区可以看到远程下载任务的下载进度。

图 1-2-23　远程下载控制界面

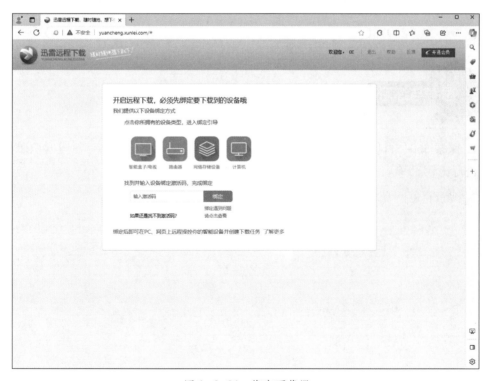

图 1-2-24　绑定下载器

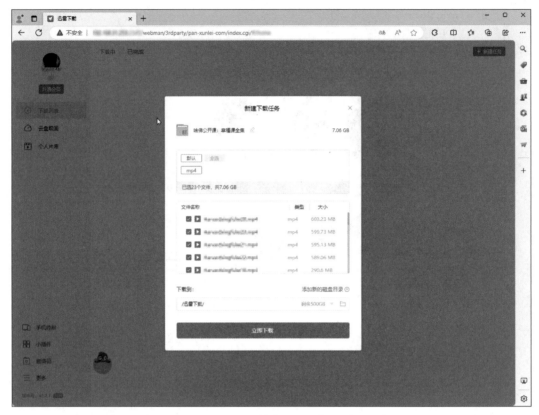

图 1-2-25　创建远程下载任务

    1. 探索 360、百度、搜狗等搜索引擎的高级搜索使用技巧，并对各搜索引擎的优缺点进行比较。

    2. 搜索百度网盘客户端，并使用迅雷下载工具进行下载。

任务 3　电子邮件的使用

1. 了解电子邮件在传输过程中所用到的网络协议。
2. 能熟练使用电子邮箱收发电子邮件。
3. 掌握电子邮箱的常用设置。

电子邮件常被称为网上飞鸿，它改变了人们一直以来通过邮局寄信的交流方式。本任务通过使用电子邮箱收发电子邮件来掌握电子邮件的地址格式以及收发方法，并了解电子邮件的各种传输协议。

一、注册电子邮箱

本书以注册网易免费邮箱为例进行讲解，具体操作步骤如下。

1. 启动浏览器，在地址栏中输入"http://mail.163.com/"，然后按回车键，网易邮箱登录页面如图 1-3-1 所示。

2. 单击"注册新账号"按钮，弹出"欢迎注册网易邮箱"页面，然后根据页面中的提示填写注册信息，如图 1-3-2 所示。

3. 注册信息填写完毕后，勾选"同意《服务条款》《隐私政策》和《儿童隐私政策》"复选框，单击"立即注册"按钮，即可成功注册免费邮箱。

二、收发电子邮件

1. 发送电子邮件

使用网易邮箱发送电子邮件的具体操作步骤如下。

图 1-3-1　网易邮箱登录页面

图 1-3-2　网易邮箱注册页面

（1）如图 1-3-3 所示，启动浏览器，打开网易邮箱的登录页面"http://mail.163.com/"，输入邮箱账号和密码，单击"登录"按钮。

图 1-3-3　登录网易邮箱

（2）如图 1-3-4 所示，在登录成功的邮箱页面中，单击"写信"按钮。

图 1-3-4　单击"写信"按钮

（3）在邮件编辑界面中的"收件人"文本框中输入收件人的电子邮箱地址，在"主题"文本框中输入邮件的标题，然后在该页面下方最大的文本框中编辑邮件正文，还可以单击"添加附件"按钮选择要发送的其他文件，如图 1-3-5 所示。

（4）全部内容填写完成后，单击"发送"按钮，如果邮件正常发送，系统会自动弹出"邮件发送成功"反馈界面。

图 1-3-5　编辑邮件

2.　接收电子邮件

（1）启动浏览器，登录电子邮箱，页面会显示当前未读邮件数量，如图 1-3-6 所示。

图 1-3-6　未读邮件数量

（2）单击页面左侧的"收件箱"文件夹，弹出收件箱页面，如图 1-3-7 所示，在收件箱列表中可以看到接收到的电子邮件。

（3）在所显示的邮件列表中单击发件人的超链接或者邮件主题超链接，会打开该封邮件的正文页面，如图 1-3-8 所示，用户可以在该页面中查看该邮件的发送日期、发件人、主题以及邮件内容等信息。

图 1-3-7　收件箱页面

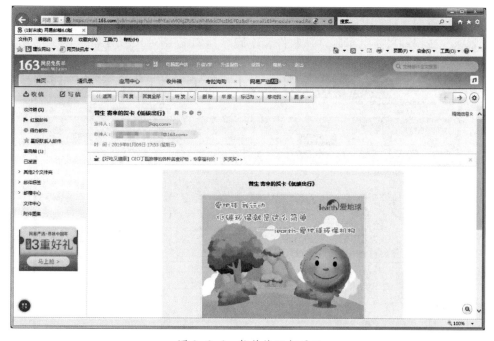

图 1-3-8　邮件的正文页面

（4）如果用户所浏览的邮件有附件需要下载，则单击附件之后的下载链接，保存文件即可，如图 1-3-9 所示。

图 1-3-9　下载附件

3. 删除电子邮件

（1）打开电子邮箱的收件箱，勾选要删除的电子邮件标题前面的复选框，然后单击"删除"按钮即可将电子邮件从收件箱中删除，如图 1-3-10 所示。

图 1-3-10　删除电子邮件

（2）上一步从收件箱中删除的邮件并未真正从电子邮箱中删除，而是被移动到了"已删除"文件夹中，如果要彻底从电子邮箱中删除邮件则需打开"已删除"文件夹，选择要彻底删除的邮件，然后单击"彻底删除"按钮将其删除。在此之前，如误删邮件，还可选择"移动到"命令将邮件重新移回原来的文件夹中，如图 1-3-11所示。

图 1-3-11　恢复电子邮件

三、电子邮箱的常用设置

1. 建立通讯录

在使用电子邮箱收发电子邮件的过程中，需要有一个记录邮件地址的通讯录，这样在写信时就可以直接从通讯录中导入联系人的邮件地址，免去了重复输入邮箱地址的麻烦，其操作步骤如下。

（1）登录到电子邮箱页面，切换到"通讯录"选项卡，单击"新建联系人"按钮，如图 1-3-12 所示，即可创建一条通讯录信息。

（2）弹出"新建联系人"对话框，填入联系人的相关信息，如图 1-3-13 所示。如果该联系人所属的群组不是默认分组中的，那么可以单击"新建分组"按钮，创建新的组别。

图 1-3-12　单击"新建联系人"按钮

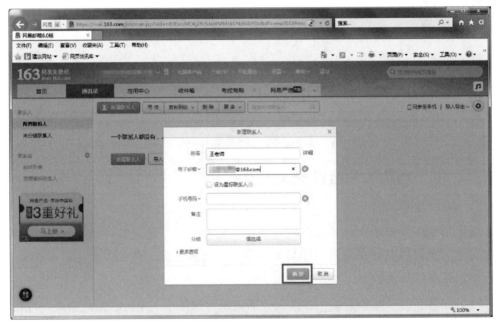

图 1-3-13　弹出"新建联系人"对话框

（3）填写完相应的信息后，单击"确定"按钮，则添加的联系人信息被保存。如果联系人的信息有变动，只需单击联系人相应行，在弹出的对话框中，单击"编辑"按钮，即可修改联系人的信息，如图 1-3-14 所示。

图 1-3-14　联系人信息对话框

2. 设置电子邮件签名

电子邮件签名由电子邮件末尾添加的文本组成。将其添加在邮件的末尾可以起到增加邮件个性化、树立知名度、提供备用联系信息等作用，其操作步骤如下。

（1）登录电子邮箱，依次单击"设置""常规设置"选项，进入电子邮箱个性化设置页面，如图 1-3-15 所示，单击左侧"签名"选项，打开"签名"页面。

图 1-3-15　打开"签名"页面

（2）在"签名"页面中单击"新建文本签名"按钮，则可以在弹出的"新建个性签名"对话框中设计一个个性化的签名，如图1-3-16所示。

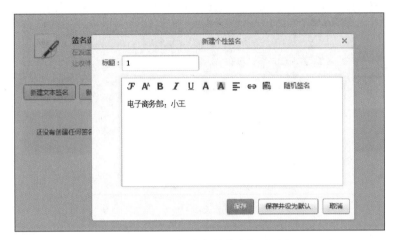

图1-3-16 "新建个性签名"对话框

3. 设置自动回复

自动回复功能是指邮箱在收到来信时，自动回复一封事先写好的邮件给对方，告诉对方暂时无法回信，只能先回一封表示礼貌和友好的邮件来表示已经收到该信件，其具体设置步骤如下。

（1）登录电子邮箱，单击页面中的"设置"选项，进入电子邮箱个性化设置页面。在"常规设置"选项组中选择"自动回复/转发"选项。

（2）在打开的页面中选择是否启用自动回复功能。如果要使用，则可以在如图1-3-17所示的文本框中编辑要回复的话语，勾选"以下时间段内启用"复选框，然后单击"保存"按钮即可。

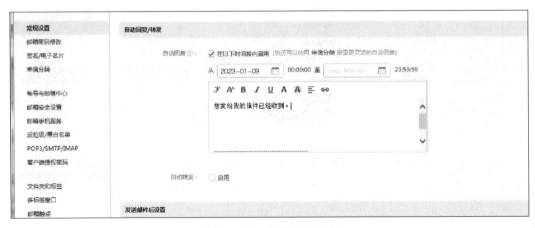

图1-3-17 设置自动回复

一、电子邮件概述

电子邮件（E-mail）是一种通过网络实现异地之间快速、方便和可靠传送与接收信息的现代化通信手段，是使用率最高的 Internet 服务之一。

1. 电子邮箱的地址格式

电子邮箱的地址格式为：User name@mail.server.name。

其中，User name 是指收件人自己所注册邮箱的名字，mail.server.name 是指电子邮箱所在的服务器名称，"@"符号是电子邮箱特有的分隔符号。所有互联网上的电子邮箱地址格式都是如此，否则无法投递信件。

2. 电子邮件的优点

（1）快速

电子邮件只需要几秒钟便可以通过互联网传输信件到全世界的任何角落。

（2）可靠

每个电子邮箱在互联网上都是唯一的，保障了信件准确无误地投递。

（3）方便

电子邮件可以不受时间和地域的限制，给用户提供了更大的自由空间。

二、电子邮件常用的传输协议

1. SMTP 协议

SMTP 协议主要负责底层的邮件系统如何将邮件从一台机器传送至另外一台机器。

2. POP3 协议

POP3 协议是把邮件从电子邮箱中传输到本地计算机的协议。

3. IMAP4 协议

IMAP4 协议是 POP3 协议的一种替代协议，它提供了邮件检索和邮件处理的新功能，使用户不必下载邮件正文就可以看到邮件的标题摘要，从邮件客户端软件就可以对服务器上的邮件和文件夹目录等进行操作。

一、邮件群发

一封邮件可以同时发送给多个邮箱，只要在填写邮箱地址时，将各个邮箱地址以英文标点符号";"分隔开即可。

二、邮箱网盘

邮箱网盘是邮箱为用户提供的文件储存服务，用户可以随时随地上传和下载文档、照片、音乐、软件等，十分快捷方便，如图 1-3-18 所示。

图 1-3-18　邮箱网盘

1. 注册一个免费邮箱，然后与同学相互发送电子邮件，标题为"很高兴认识您"，并在邮件正文中添加一张自己的照片。

2. 将任课教师的电子邮箱等信息添加到自己邮箱的通讯录中。

3. 设置电子邮箱的个性化签名，并发送一封电子邮件给教师。

任务 4　即时通信工具 QQ 的使用

1. 了解即时通信的概念、原理和传输协议。
2. 能下载并安装 QQ 软件。
3. 掌握 QQ 软件的使用方法。

即时通信是在 Internet 中广泛应用的服务，通信双方可以实时交互信息，并可实现在线语音、视频等通信功能。目前应用最广泛的即时通信工具有 QQ、微信等。QQ 是腾讯 QQ 的简称，是腾讯公司开发的一款基于 Internet 的即时通信软件，可以使用它与好友进行文字聊天、语音与视频会话等。本任务以 QQ 即时通信软件为例来介绍这种通信方式的使用方法和技巧。

一、下载并安装 QQ

1. 打开浏览器，在地址栏里输入 "https://im.qq.com/pcqq"，打开 QQ 软件下载页面，如图 1-4-1 所示，单击 "立即下载" 按钮，将软件安装包下载到本地计算机硬盘中。

图 1-4-1　QQ 软件下载页面

2. 成功下载 QQ 软件后，双击下载后的安装文件进入 QQ 软件安装界面，单击"立即安装"按钮，如图 1-4-2 所示，接下来 QQ 软件自动进行安装，安装完成后，单击"完成安装"按钮，如图 1-4-3 所示。

图 1-4-2　单击"立即安装"按钮　　　　图 1-4-3　单击"完成安装"按钮

二、使用 QQ 进行聊天

1. 注册 QQ 账号

QQ 软件安装完毕后，需要注册一个 QQ 账号，登录该账号后才可以使用 QQ 进行聊天。

（1）打开 QQ 软件登录页面，如图 1-4-4 所示。

图 1-4-4　QQ 软件登录页面

（2）QQ 账号需要使用手机号码进行注册，单击图 1-4-4 左下方的"注册账号"按钮进入到账号注册页面，也可以直接在浏览器地址栏中输入注册页面地址"https://ssl.zc.qq.com"进行注册，在注册页面填写昵称、密码、手机号码等信息，如图 1-4-5 所示。

图 1-4-5　QQ 账号注册页面

2. 登录 QQ 软件开始使用

（1）启动 QQ 软件，在 QQ 软件登录页面中输入已经注册好的账号密码，然后在复选框中选择"自动登录""记住密码"两个选项，单击"安全登录"按钮即可完成登录操作。此外，QQ PC 客户端还可通过 QQ 手机版扫码登录，单击 QQ PC 客户端登录页面右下方的二维码图标即出现二维码登录页面，如图 1-4-6 所示。

（2）登录后，由于还没有添加通信联系人，QQ 好友列表中没有对应的聊天对象。用户可以通过单击"加好友 / 群"按钮添加联系人，如图 1-4-7 所示。

图 1-4-6　二维码登录页面

图 1-4-7　"加好友 / 群"按钮

（3）在"查找"对话框中，输入想要添加联系人的 QQ 号码、昵称、手机号、邮箱号码等任何一项信息都可以进行查找，如图 1-4-8 所示。单击"查找"按钮，查找出联系人信息后，单击"加好友"按钮，然后在"请输入验证信息："文本框中输入验证信息，如图 1-4-9 所示，单击"下一步"按钮，在出现的对话框中，修改要添加联系人的备注姓名及分组（没有分组信息可以单击"新建分组"按钮进行分组操作），如图 1-4-10 所示，单击"下一步"按钮，完成添加联系人的操作。

（4）此时系统会向添加的好友发送一个好友验证消息，如图 1-4-11 所示。

图 1-4-8　"查找"对话框

图 1-4-9　输入验证信息

图 1-4-10　修改备注姓名及分组

（5）消息发出之后，被添加的好友将收到此验证消息，只要对方通过验证，双方即成为 QQ 好友，并可以在网上进行聊天。同时，添加好友成功之后，QQ 软件的列表框中会显示该好友的信息及状态，如图 1-4-12 所示。

（6）需要与 QQ 好友进行聊天时，只要双击该好友的名称就可以打开聊天窗口。

（7）在聊天窗口中可以给好友发送文字、表情、图片、音乐、视频等，同时 QQ 软件还能实现各种通信功能。

1）单击"发起语音通话"按钮，可以与好友进行在线语音聊天，如图 1-4-13 所示。

2）单击"发起视频通话"按钮，可以与好友进行在线视频聊天，如图 1-4-14 所示。

图 1-4-11 "验证消息"对话框　　　　　图 1-4-12 完成添加的好友

图 1-4-13 语音通话　　　　　　　图 1-4-14 视频通话

3）单击"发起群聊"按钮，可以从好友列表中选择多名（两名以上）好友进行群聊，如图 1-4-15 所示。

4）选择"分享屏幕"或"演示白板"选项，可以将自己的计算机屏幕共享给好友或为好友进行白板演示，如图 1-4-16 所示。

5）选择"请求控制对方电脑"或"邀请对方远程协助"选项，可以远程控制好友计算机，进行远程操作，同时也可以让对方控制自己的计算机进行远程操作，如

图 1-4-17 所示。

图 1-4-15　发起群聊　　　　　　　　　图 1-4-16　分享屏幕或演示白板

图 1-4-17　远程协助

一、即时通信的概念

即时通信是基于计算机网络的一种新兴应用，它最基本的特征就是信息的即时传递和用户的交互性，并可将音视频通信、文件传输及网络聊天等功能集成为一体。即时通信具有快捷、高效、安全等特点，在网络中可以跨越年龄、身份、行业、地域的限制，达到人与人、人与信息之间的零距离交流。

二、即时通信的原理

无论即时通信的功能如何复杂，它们大都基于相同的技术原理，主要包括客户/服务器（C/S）通信模式和对等通信（P2P）模式。当前使用的即时通信系统在登录进行身份认证阶段是工作在 C/S 方式，随后如果客户端之间可以直接通信则使用 P2P 方式工作，否则以 C/S 方式通过即时通信服务器通信。

举例来说，如图 1-4-18 所示，用户 A 希望和用户 B 通信，必须先与即时通信服务器建立连接，从即时通信服务器获取用户 B 的 IP 地址和端口号，然后用户 A 向用户 B 发送通信信息，用户 B 收到用户 A 发送的信息后，可以按照用户 A 的 IP 地址和端口号直接与其建立 TCP 连接，与用

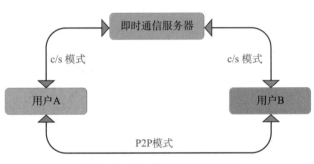

图 1-4-18 即时通信的原理

户 A 进行通信。在此后的通信过程中，用户 A 与用户 B 之间的通信则不再依赖即时通信服务器，而采用 P2P 模式。

三、即时通信的传输协议

现阶段的即时通信系统大多数是非标准系统，其通信协议与接口由厂商定义。为解决此问题，由互联网工程任务组（IETF）研究和开发了多个即时通信技术标准，其中使用较为广泛的有以下几种。

1. 即时通信通用结构协议（CPIM）

即时通信通用结构协议（CPIM）是一种用于即时通信系统的协议，它定义了通信的基本结构和数据格式。CPIM 提供了一种标准化的方式来处理即时通信和存在信息。通过使用 CPIM，不同的即时通信系统可以进行无缝的消息交流，从而提供更好的用户体验和互联互通的功能。

2. 可扩展通信和表示协议（XMPP）

可扩展通信和表示协议（XMPP）是一种开放的、基于 XML 的协议，为实时通信和在线状态提供了标准化的框架。通过 XMPP 用户能够进行高效、安全和互联互通的通信。同时，开发者能够根据需要定制和扩展协议功能。

3. 即时通信对话初始协议和表示扩展协议（SIMPLE）

SIMPLE 协议基于会话发起协议，是一种网际电话协议，可用于支持即时通信消息表示，能够传输多种方式的信号，如 INVITE 信号和 BYE 信号分别用于启动和结束会话。

四、其他常见即时通信软件

微信（WeChat）是腾讯公司于 2011 年 1 月推出的为智能终端提供即时通信服务的免费应用程序。微信支持跨通信运营商、跨操作系统平台通过网络快速发送免费（需消耗少量网络流量）语音短信、视频、图片和文字。同时，微信提供公众平台、朋友圈、消息推送、微信支付等功能。

Skype 是一款全球流行的即时通信软件，最新版本强化了视频和语音通话功能，同时改进了界面设计，让联系人管理和沟通更加便捷。新版 Skype 还增加了多人视频通话功能，丰富了沟通体验。此外，Skype 加强了安全和隐私保护，采用端到端加密技术保障通信内容的安全。Skype 还具有跨平台特性，支持不同设备间的无缝切换，并可以直接在 Web 浏览器中使用。

知识拓展

使用移动设备登录即时通信软件

多数即时通信软件支持手机、平板等移动互联设备的接入模式，本任务所介绍的 QQ 软件也有手机版客户端程序，现介绍其登录及简单的使用方法。

1. 使用手机登录 QQ 软件下载官方网站（https://im.qq.com/），单击"下载"按钮进入软件下载页面，选择"ISO"或"Android"版本进行下载，如图 1-4-19 所示。

图 1-4-19　下载页面

2. 在手机上，选择"运行"即可自动安装。

3. 安装成功后，使用注册好的 QQ 账号密码进行登录。

4. 在联系人中选择一个好友，如图 1-4-20 所示，单击"发消息"按钮，进入文字聊天窗口，可在最下方的文本框中输入聊天内容，还可选择视频电话、发红包、转账等实用功能与好友沟通，如图 1-4-21 所示。

图 1-4-20　选择一个好友

图 1-4-21　手机 QQ 的实用功能

思考与练习

1. 下载并注册一个 QQ 账号，然后登录。

2. 与同学进行 QQ 视频交流。

3. 邀请班上 5 名同学一起进行群聊。

任务 5　体验网络购物

学习目标

1. 能注册淘宝账户。

2. 能在购物平台上浏览、查找所需的商品。

3. 掌握网上支付与结算的方法。

任务引入

在 Internet 中各式各样的网店非常多，有 B2B、B2C、C2C 等模式，其中，用户数量最多的是 C2C 类型的网店。淘宝网就是一个典型的网络 C2C 商品销售平台，该平台为买家和卖家搭建了一个销售的大环境，并为网络支付提供担保，是目前国内知名的网络购物平台。本任务以在淘宝网上购物为例，学习网络购物的一般流程，旨在掌握网络购物的方法，以及网络购物各个环节的注意事项。

一、注册淘宝账号

1. 在淘宝网购物需要注册成为网站的会员，首先在浏览器地址栏中输入网址"http://www.taobao.com/"，打开淘宝网首页，如图 1-5-1 所示，然后在首页左上角单击"免费注册"按钮进入注册页面。

图 1-5-1　淘宝网首页

2. 在注册页面，淘宝网提供了手机号验证码（默认方式）和企业账户两种账号注册的方式，如图 1-5-2 所示，使用手机号码注册需要通过获取手机短信验证码来完成注册。

3. 首次登录后，在弹出的账号设置页面，如图 1-5-3 所示，依次选择"安全设置""登录密码"选项，以设定账号初始密码，如图 1-5-4 所示。在设置密码时，可以参考以下几点建议。

（1）使用大小写字母、数字和特殊符号组合，以增加密码的多样性。

（2）避免使用过于简单的数字或字母组合，如生日、电话号码等。

图 1-5-2 淘宝网注册页面

图 1-5-3 账号设置页面

（3）定期更改密码，以降低密码被破解的风险。

4. 采用同样的方法依次选择"安全设置""添加邮箱"选项，按提示输入电子邮箱地址，收到验证邮件后打开邮件找到内容中的验证码，并填入认证页指定位置即可完成安全邮箱的绑定，从而进一步提升账户安全性，如图 1-5-5 所示。

图 1-5-4　修改密码

图 1-5-5　添加邮箱

二、浏览、查找商品

1. 打开淘宝网首页，用刚才注册的用户名和密码登录，主页上显示所有商品的分类目录，如图 1-5-6 所示。

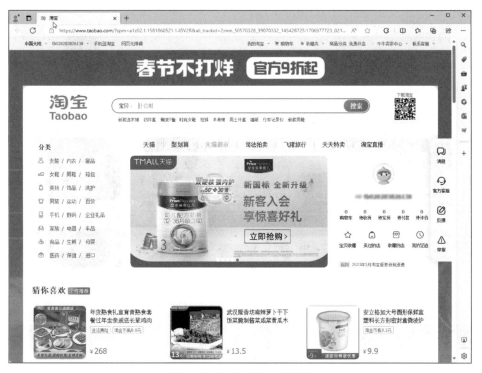

图 1-5-6　登录淘宝网首页

2. 单击感兴趣的商品目录链接（如"女装 / 男装 / 内衣"类）即可进入对应的商品展示页面，其中又分为若干小类，用户可以选择浏览某一类商品，如图 1-5-7 所示。

3. 在"搜索"文本框中输入相应的关键字，然后单击"搜索"按钮就会显示与用户输入的关键字相关的商品列表，如图 1-5-8 所示。

4. 在商品列表中显示了这些商品的缩略图以及价格等简要信息，如果想要仔细查看某一商品，只要单击对应商品的图片或名称即可进入该商品的详细介绍页面，如图 1-5-9 所示。

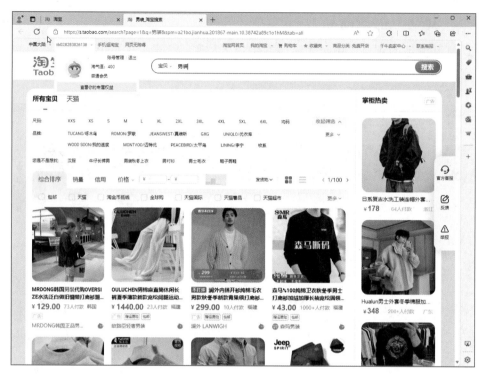

图 1-5-7　商品目录链接

图 1-5-8　商品列表

图 1-5-9　商品的详细介绍页面

提示

对于暂时还不打算购买的商品，可以单击展示图片下方的"加入购物车"按钮，将其添加到"我的购物车"中。

三、议价并订购商品

1. 已经注册好"阿里旺旺"即时通信软件的用户，可以在商品页面中单击 **和我联系** 按钮，进入阿里旺旺交流窗口（见图 1-5-10）与店主进行议价。

2. 与店主议好价后，可在商品详细信息页面中选择"立即购买"或"放入购物车"。

（1）如果购买的只是单个商品则可以单击"立刻购买"按钮，进入"确认订单信息"页面，填写订单的详细信息，如图 1-5-11。

（2）如果要购买多个商品则可先把商品依次放入"购物车"，然后单击页面上方的"购物车"标签进入购物车进行查看，如图 1-5-12 所示。购物车中所有商品可以一起付款结账。

图 1-5-10　阿里旺旺交流窗口

图 1-5-11　填写订单的详细信息

提示

进入"确认订单信息"页面后，如果是第一次购买商品还需要填写收货地址、收货方式等信息。

图 1-5-12　购物车

四、网上支付与结算

1. 订单确认完成后，即进入在线支付页面。淘宝网支持支付宝余额付款、储蓄卡付款、信用卡付款、网点付款、消费卡付款等多种支付方式。在付款前，系统会提示用户安装支付安全控件，按照提示进行操作即可。

2. 下面以储蓄卡付款为例介绍支付过程。在储蓄卡付款页面（见图 1-5-13），选择所持储蓄卡的发卡银行（如中国工商银行），单击"下一步"按钮进入网银支付页面，输入支付密码，然后单击"确认付款"按钮即可。

提示

　　　　使用储蓄卡付款之前，必须携带银行卡到银行柜台申请开通"网上支付"功能。

3. 付款完成后淘宝支付宝页面显示"您已成功付款"的提示信息，如图 1-5-14 所示。至此，付款成功，网络购物环节基本完成，只需等待物流公司送货签收，如图 1-5-15 所示。

图 1-5-13　储蓄卡付款页面

图 1-5-14　付款成功页面

图 1-5-15　付款后的订单信息页面

五、参与评价商品及店铺

为了让消费者更好地督促商家，也为了让商家能更好地掌握消费者信用信息，淘宝网添加了一套买卖双方互评系统。

1. 用户收到商品后单击"确认收货"按钮，支付宝随即将账款转给商家，整个交易完成，交易详细信息处显示"交易成功"提示，如图 1-5-16 所示。

图 1-5-16　交易成功后的页面

2. 交易完成后，用户可以在图 1-5-16 所示的评价页面对商品、服务等进行评价，如图 1-5-17 所示。

图 1-5-17　评价页面

提示

　　只有完成交易后的双方才可以进行互相评价，对于商家来说，如果获得了中、差评，可以在一个月时间内进行申诉，单击"我要解释"按钮对此次交易出现的问题或纠纷进行解释或申诉。

相关知识

一、电子商务模式

　　电子商务模式是指企业运用互联网开展经营取得营业收入的基本方式，常见的有 B2C、B2B、C2C 等模式。

1. B2C 模式

B2C 模式是指企业与消费者之间的电子商务，类似于实际生活中的零售商务，是一种直接面对最终消费者的网络商务模式。其代表有亚马逊、京东等。

2. B2B 模式

B2B 模式是指企业与企业之间的电子商务，企业与企业可以使用 Internet 或其他网络针对每笔交易寻找最佳合作伙伴，从网上合同的签订一直到确认收货等都可以通过互联网进行的商务交易模式。其代表有阿里巴巴、百度爱采购等。

3. C2C 模式

C2C 模式是指消费者与消费者之间的电子商务，这种模式为买卖双方提供一个在线交易平台，个人自行选择商品出售，可以是二手商品也可以是新商品，卖方主动提供商品上网拍卖，价格自拟，而买方可以自由选择商品进行竞价。其代表有淘宝网等。

二、第三方支付平台

1. 支付宝

支付宝最初是为了解决淘宝网交易安全问题而开发的一个网络支付中转平台，其使用的是"第三方担保交易模式"，由买家将货款打到支付宝账户，由支付宝向卖家通知发货，买家收到商品确认后，再由支付宝将货款转给卖家，至此完成一笔网络交易。使用支付宝担保交易，提高了收、付款的安全性，为双方达成交易提供了信用保障。

随着技术的飞速发展，支付宝的功能早已不再局限于仅为淘宝网提供支付中转服务。

除淘宝网外，支付宝还为众多其他电子商务网站提供支付服务，如苏宁易购、当当网等，使用户可以方便地在互联网上进行购物、缴费等。

近几年，伴随智能手机和 5G 等高速移动通信网络的普及，一方面，在传统 PC 端服务的基础上，支付宝通过手机客户端为移动终端上的电子商务交易提供支付服务，另一方面支付宝的支付功能还由线上发展到了线下，成为重要的移动支付工具之一。用户使用支付宝的手机客户端（见图 1-5-18），通过扫描二维码（或对方通过专用设备扫描用户手机中二维码）即可实现付款、转账等功能，这一方式较传统的现金交易更为便捷，和银行卡方式相比又更易普及，目前已成为人们日常生活中必不可少的一种支付方式。

除了支付功能从为单一网站服务发展到公共平台、从线上发展到线下，支付宝在业务范围上也在不断扩展，可以为用户提供生活缴费、理财、保险以及扫码乘车等生活服务。

2. 微信支付

借助微信庞大的用户群，微信支付已发展成为一个重要的第三方支付平台。和支付宝诞生于 PC 端的电子商务交易不同，微信支付一开始就是作为一个手机客户端的支付工具出现的，其功能大部分也围绕微信手机客户端展开，多用于手机端的电子商务交易，在 PC 端的电子商务交易中使用微信支付付款时，通常是使用手机扫码的方式完成的。微信支付的多数功能与支付宝类似，但由于其依托微信这一广泛流行的社交平台，因此具有更强的社交属性，如在日常生活中应用十分普遍的"发红包"等功能。由于微信几乎已成为人们智能手机中的必装软件，使用微信支付不再需要额外安装新的软件，因此在便捷性上，微信支付也具有一定的优势。微信支付界面如图 1-5-19 所示。

图 1-5-18　支付宝的手机客户端

图 1-5-19　微信支付界面

3. 抖音支付

抖音支付是近年来崭露头角的移动支付服务工具，在中国社交媒体平台抖音的推动下，为用户带来了全新的购物支付体验，它是字节跳动旗下的抖音短视频 APP 在 2021 年推出的一项创新支付服务。随着抖音短视频平台的迅速发展，用户对于在抖音上购物、打赏等交易需求日益增长，为了提供更便捷的支付方式，抖音支付应运而生，其界面如图 1-5-20 所示。

图 1-5-20 抖音支付界面

4. 其他第三方支付平台

除支付宝、微信支付、抖音支付外，目前还有众多第三方支付平台在不同领域为用户提供服务。有些与支付宝类似，基于自身的电子商务业务发展起来，如京东的京东支付、苏宁易购的易付宝等；有些由金融机构或电信运营商等机构发起，如中国银联的云闪付、中国电信的翼支付、中国移动的和包支付、中国联通的沃支付等；更多的则是由专门从事支付业务的专业公司建立并运营的，如拉卡拉、汇付天下、易宝等。

思考与练习

1. 注册一个淘宝账号，并使用它搜索喜欢的商品。

2. 下载并安装阿里旺旺软件，在店铺中与店主进行交流，并加入一个旺旺群组，参与讨论。

3. 下载一个支付工具，并完成注册。

项目二
Internet 的接入

Internet 是一个包含丰富信息的全球网络，在 Internet 上可以获得浏览网页、收发电子邮件、实现文件传输等服务。通过这些服务可以访问海量信息库，提高工作效率并享受 Internet 带来的便利和快乐。那么如何把单独的计算机接入 Internet 呢？

随着网络技术的发展，Internet 的接入速度越来越快，先后出现了电话拨号接入、ISDN 拨号接入、ADSL 接入、光纤接入、无线接入等多种接入方式。为了更好地理解计算机接入 Internet 的过程，本项目设置了 3 种环境下计算机的接入任务。通过实际动手连接硬件和设置软件的操作，来掌握接入 Internet 的各项技能点和知识点。

具体任务设置如下。

➢ 单台计算机通过光纤宽带接入 Internet。

➢ 局域网接入 Internet。

➢ 通过移动通信网络接入 Internet。

任务 1　单台计算机通过光纤宽带接入 Internet

学习目标

　1. 了解常用的 Internet 接入方式。

　2. 能安装连接网线和光调制解调器。

3. 掌握光纤宽带上网的连接设置。

4. 了解 IP 地址和子网掩码的基本知识。

与 ADSL 相比，光纤宽带拥有更高的上行速度和下行速度，可实现高速上网体验。对于家庭用户而言，通过将光纤与计算机相连，从而实现上网功能较为方便。本任务选择一台安装好 Windows 7 操作系统的计算机，并事先准备好光纤宽带线路以及光调制解调器、网线等硬件设备，实际动手完成硬件设备的安装和软件设置，最终实现光纤宽带上网。

一、上网设备安装及连接

1. 准备好光调制解调器，连接好入户光纤，如图 2-1-1 所示。

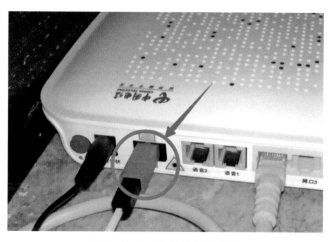

图 2-1-1 连接好入户光纤

2. 准备一根网线，用于连接计算机和光调制解调器，一端接入图 2-1-1 中光调制解调器的网口，另一端接入计算机的网卡接口。

二、光纤宽带上网连接设置

1. 按照"控制面板"→"网络和 Internet"→"网络和共享中心"→"更改适配器设置"的顺序打开"网络连接"对话框，用鼠标右键单击"本地连接"图标，在弹出的快捷菜单中选择"属性"命令，打开"网络"选项卡，双击其中的"Internet 协议版本 4（TCP/IPv4）"，打开图 2-1-2 所示的"Internet 协议版本 4（TCP/IPv4）属性"对话框，选择其中的"自动获得 IP 地址（O）"和"自动获得 DNS 服务器地址（B）"单选框，然后单击"确定"按钮退出。

图 2-1-2 "Internet 协议版本 4（TCP/IPv4）属性"对话框

提示

一般光纤宽带接入应选择自动获得 IP 地址，如果是专线的光纤宽带接入应向网络服务提供商咨询分配的静态 IP 地址，并在此配置。

2. 再次按照"控制面板"→"网络和 Internet"→"网络和共享中心"的顺序打开"网络和共享中心"窗口，如图 2-1-3 所示，下拉右侧滚动条，单击"设置新的连接或网络"选项。

图 2-1-3　"网络和共享中心"窗口

3. 在"设置连接或网络"对话框中，单击"连接到 Internet"选项，如图 2-1-4 所示。

4. 如图 2-1-5 所示，在"连接到 Internet"对话框中，单击"宽带（PPPoE）（R）"选项。

图 2-1-4　"设置连接或网络"对话框　　　图 2-1-5　"连接到 Internet"对话框

5. 在图 2-1-6 中相应的文本框内，输入用户名和密码，单击"连接"按钮。

6. 出现图 2-1-7 所示的验证对话框，等待系统验证完成后，在"网络连接"窗口中，会出现"宽带连接"图标，如图 2-1-8 所示。

图 2-1-6　输入用户名和密码

图 2-1-7　验证对话框

图 2-1-8　"宽带连接"图标

7. 双击"宽带连接"图标，在"连接 宽带连接"窗口中，输入用户名和密码，单击"连接"按钮。等待连接成功后，即可打开浏览器进行测试。

三、设置光纤宽带的自动连接

按上述步骤设置宽带连接后，每次上网都需要用户手动输入用户名和密码，下面通过设置宽带连接属性，可以使计算机每次开机后自动建立拨号连接，具体操作步骤如下。

1. 双击"宽带连接"图标，进入图 2-1-9 所示的"连接 宽带连接"对话框，输入用户名和密码后，勾选"为下面用户保存用户名和密码（S）"复选框，下面有两个单选按钮，默认选中"只是我（N）"，也可选中"任何使用此计算机的人（A）"。

2. 在该窗口中单击"属性"按钮，在"宽带连接 属性"对话框中单击"选项"选项卡，如图 2-1-10 所示，取消勾选"提示名称、密码和证书等"复选框，然后单击"确定"按钮。

图 2-1-9 "连接 宽带连接"对话框

图 2-1-10 "宽带连接 属性"对话框

3. 依次选择"开始"→"所有程序"→"启动"，然后右击，在弹出的快捷菜单中单击"打开"命令，打开"启动"窗口。

4. 选中"网络连接"窗口中的"宽带连接"图标，然后拖放到"启动"窗口中的空白处，光纤宽带的自动连接设置完成，如图 2-1-11 所示。

图 2-1-11 光纤宽带的自动连接设置完成

相关知识

一、常见的 Internet 接入方式

1. 光纤入户

光纤入户（FTTP）又被称为光纤到屋（FTTH），它基于光纤电缆并采用光电子将诸如电话三重播放、宽带互联网和电视等多重高档的服务传送给家庭或企业。光纤入户有多种架构，最常用的有两种：一种是点对点形式拓扑，从中心局到每个用户都用一根光纤；另一种是使用点对多点形式拓扑方式的无源光网络（PON），采用点到多点的方案可极大减少光收发器的数量和光纤电缆的用量，并降低中心局所需的机架空间，具有成本优势。

2. LAN

采用 FTTX+LAN（光纤接入 + 局域网）方式实现 10 Mb/s、100 Mb/s、1 000 Mb/s 不同速率宽带接入的方式也较为常用，我国很多小区宽带是使用这种方式，Internet 通过光纤接入到小区节点或楼道，再由网线连接到各个共享点上（一般不超过 100 m），即用户通过网线连接到运营商组建的局域网中，再由运营商通过光纤将局域网接入 Internet。这种接入方式的特点是速率高，抗干扰能力强，适用于家庭、个人或各类企事业团体，可以实现各类高速率的互联网应用，如视频服务、高速数据传输、远程交互等。

3. WLAN

WLAN（无线局域网）的接入方式与 LAN 类似，用户通过无线方式连入运营商提供的无线局域网，再由运营商将局域网接入 Internet。随着无线上网设备的普及，除了在一些企业内部作为有线网络的补充使用，越来越多的公共场所也开始提供 WLAN 以方便用户上网。

4. ADSL

ADSL（非对称数字用户线路）是一种数据信号传输方式，其上行速度慢，下行速度快，采用频分复用技术把普通的电话线分成了电话、上行和下行 3 个相对独立的信道，从而避免了相互之间的干扰。即使边打电话边上网，也不会发生上网速率和通话质量下降的情况。通常 ADSL 在不影响正常电话通信的情况下可以提供最高 3.5 Mb/s 的上行速度和最高 24 Mb/s 的下行速度，但由于实际环境的干扰和线路质量的问题，实际的传输速度要比这两个最高速度低很多。通过 ADSL 接入 Internet 的方式如图 2-1-12 所示。

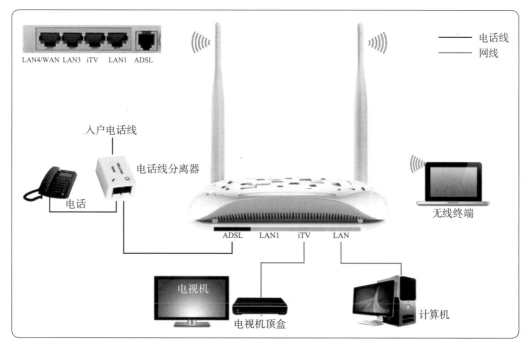

图 2-1-12 通过 ADSL 接入 Internet 的方式

二、光调制解调器

光纤通信因其频带宽、容量大等优点而迅速发展成为当今信息传输的主要形式，要实现光通信就必须进行光的调制解调，因此光调制解调器是光纤通信系统的关键器件。光调制器分为直接调制器与外调制器两种，光解调器则分为有、无内置前放两种。直接调制器与具有内置前放的解调器是光调制解调器的发展重点，直接调制具有简单、经济和容易实现等优点，具有内置前放的解调器则具有集成度高、体积小等优点。

光调制解调器在用户端，一般使用单端口光端机，工作类似常用的广域网专线（电路）联网用的基带 MODEM，故又称作"光猫"。

三、IP 地址和子网掩码

1. IP 地址的分类

一个 IP 地址包括两个标识码（ID，也称地址），即网络地址和主机地址。IP 地址根据网络地址的不同分为 A、B、C、D 和 E 五类，目前常用的为前三类。每类网络中 IP 地址的结构即网络标识长度和网络种类标识长度都有所不同，如图 2-1-13 所示。

（1）A 类 IP 地址

A 类 IP 地址用于非常大的网络，如大型跨国公司的网络。一个 A 类 IP 地址由 1 个字节的网络地址和 3 个字节的主机地址组成，网络地址的最高位必须是"0"，地址范围从 1.0.0.0 ~ 126.0.0.0。可用的 A 类网络有 126 个，每个网络能容纳 1 677 万多台主机。

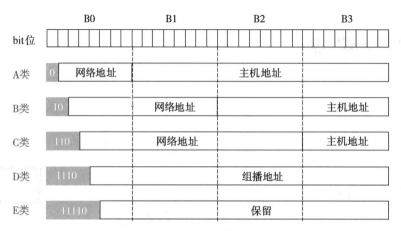

图 2-1-13　IP 地址的分类

（2）B 类 IP 地址

B 类 IP 地址用于中等规模的网络。一个 B 类 IP 地址由 2 个字节的网络地址和 2 个字节的主机地址组成，网络地址的最高位必须是"10"，地址范围从 128.0.0.0～191.255.255.255。可用的 B 类网络有 16 382 个，每个网络能容纳 6 万多台主机。

（3）C 类 IP 地址

C 类 IP 地址通常用于中小型企业。一个 C 类 IP 地址由 3 个字节的网络地址和 1 个字节的主机地址组成，网络地址的最高位必须是"110"，地址范围从 192.0.0.0～223.255.255.255。C 类网络有 209 万多个，每个网络能容纳 254 台主机。

（4）D 类 IP 地址

D 类 IP 地址常用于多点广播。D 类 IP 地址第一个字节以"1110"开始，它是一个专门保留的地址，并不指向特定的网络。多点广播地址用来一次寻址一组计算机，它标识共享同一协议的一组计算机。

（5）E 类 IP 地址

E 类 IP 地址仅供实验之用。以"11110"开始，为将来使用保留。

全"0"的 IP 地址（"0.0.0.0"）对应于当前主机。全"1"的 IP 地址（"255.255.255.255"）是当前子网的广播地址。

在 IP 地址的 3 种主要类型中，各保留了 3 个区域作为私有地址，其地址范围如下。

A 类地址为 10.0.0.0～10.255.255.255

B 类地址为 172.16.0.0～172.31.255.255

C 类地址为 192.168.0.0～192.168.255.255

所有的 IP 地址都是由互联网协议分配和管理机构负责管理的。全球范围内的 IP 地址分配由一个名为互联网数字分配机构（IANA）的组织来执行。IANA 将全球的 IP 地址资源划分给五个互联网管理机构，分别是亚太网络信息中心（APNIC）负责亚太地区的 IP 地址管理；欧洲网络信息中心（RIPE NCC）负责欧洲地区的 IP 地址管理；美国互联网数字命名地址分配机构（ARIN）负责北美地区和部分加勒比地区的 IP 地址管理；拉丁美洲和加勒比地区网络信息中心（LACNIC）负责拉丁美洲和部分加勒比地区的 IP 地址管理；非洲网络信息中心（AFRINIC）负责非洲地区的 IP 地址管理。

我国申请 IP 地址要通过 APNIC，APNIC 的总部设在澳大利亚布里斯班。申请时要考虑申请哪一类 IP 地址，然后向国内的代理机构提出。

2. 子网掩码

子网掩码是一个 32 位地址，是与 IP 地址结合使用的一种技术。它的主要作用有两个：一是用于屏蔽 IP 地址的一部分以区别网络标识和主机标识，并说明该 IP 地址是在局域网上还是在远程网上；二是用于将一个大的 IP 网络划分为若干个小的子网络。

A、B、C 类 IP 地址的默认子网掩码分别为"255.0.0.0""255.255.0.0""255.255.255.0"。

用子网掩码判断 IP 地址的网络地址与主机地址的方法是用 IP 地址与相应的子网掩码进行"与"运算，以区分出网络地址部分和主机地址部分。

思考与练习

1. 什么是光纤宽带上网？它的优势有哪些？

2. 配置一台计算机使其能通过光纤宽带连接到 Internet 上，并能正常地浏览网页和传输文件。

任务 2　局域网接入 Internet

学习目标

1. 了解无线局域网的概念及连接方式。

2. 认识组建无线局域网所需的设备。

3. 掌握局域网接入 Internet 的设置过程。

任务引入

如果同时有几台计算机都有上网需求，可通过路由器自行组建一个局域网，共用一个宽带账号连入 Internet，这种方式可节省上网费用，各台计算机上网的频率不是很高也不集中，还可以提高网络的利用率。这种方法适用于家庭中有两台以上计算机的用户，以及高校校园寝室内部局域网和中小企业内部局域网。

目前，用于宽带接入的路由器有有线和无线两种。有线宽带路由器可实现有线局域网接入 Internet 的功能，无线宽带路由器除了具有有线宽带路由器的功能外，还能用于组建无线局域网。在实际应用中，通常都是有线方式、无线方式共同使用。

本任务使用无线宽带路由器组建局域网，并实现局域网接入 Internet。

任务实施

一、认识无线路由器

无线路由器如图 2-2-1 所示，各个接口从左到右依次为电源插口、复位键、WAN 接口、LAN 接口（4 个）。

其中，WAN 接口用于与光猫连接，4 个 LAN 接口可供最多 4 台计算机通过有线方式接入局域网，复位键用于恢复路由器的出厂设置。

使用无线路由器时，应首先将电源线、WAN 与光猫的连线接好。

二、通过有线方式连接无线路由器

首先用双绞线将一台计算机的网卡与无线路由器相连，然后查看无线路由器说明书，设置计算机的 IP 地址和无线路由器在同一网段上，如果无线路由器的 IP 地址为192.168.1.1（一般无线路由器背面写有 IP 地址），则计算机的 IP 地址设为 192.168.1.10，网关设为无线路由器的 IP 地址 192.168.1.1，如图 2-2-2 所示。

设置完成后即实现了计算机与无线路由器的连接，接下来只需对路由器进行相关配置即可连接到 Internet。

三、设置路由器

1. 打开浏览器，在地址栏输入路由器的 IP 地址，如 192.168.1.1，如果路由器是首次使用，则进入路由器设置向导，首先创建管理员密码，设置完成后，单击"确定"按钮，如图 2-2-3 所示。

图 2-2-1　无线路由器

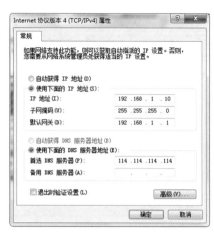

图 2-2-2　IP 地址和网关的设置

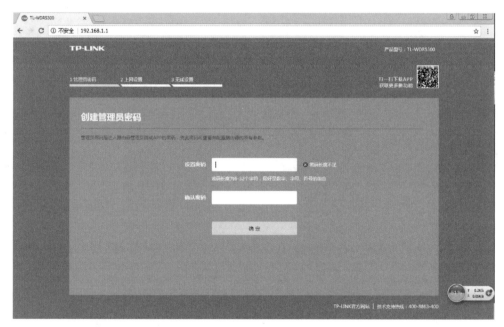

图 2-2-3　"创建管理员密码"页面

2. 路由器能自动识别上网方式，如采用宽带拨号上网，需要输入宽带账号和密码，设置好后单击"下一步"按钮，如图 2-2-4 所示。

3. 如图 2-2-5 所示，进行无线设置，设置无线名称、无线密码，设置完成，单击"确定"按钮，保存配置时出现如图 2-2-6 所示的页面。

4. 保存配置完成后，出现如图 2-2-7 所示的管理页面。

5. 单击图 2-2-7 页面下方右侧的"路由设置"按钮，打开如图 2-2-8 所示的"路由设置"页面，可对上述步骤的设置进行修改。

图 2-2-4 "上网设置"页面

图 2-2-5 "无线设置"页面

图 2-2-6 保存配置页面

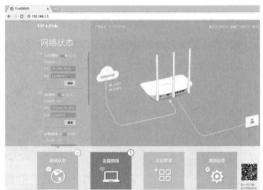

图 2-2-7 管理页面

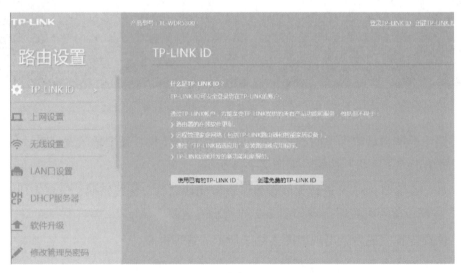

图 2-2-8 "路由设置"页面

6. 路由器的 DHCP 服务器默认是打开的，单击左侧"DHCP 服务器"选项卡可进行设置和修改，设置后单击"保存"按钮，如图 2-2-9 所示。

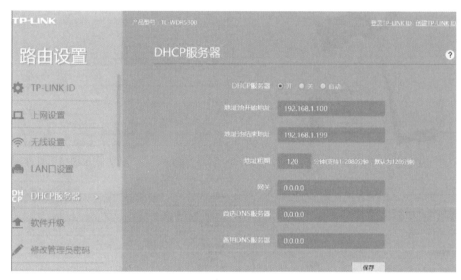

图 2-2-9　DHCP 服务器设置

上述设置完成后，这台计算机就可以访问 Internet，如果还有其他计算机需要通过有线方式连接路由器上网，只需使用双绞线将计算机网卡与无线路由器相连即可（如果路由器没有开启 DHCP 功能，还需设置其他计算机网卡的 IP 地址）。

四、通过无线方式连接路由器

1. 安装无线网卡

无线网卡是计算机实现无线上网、连接无线网络的一种终端设备，它和普通网卡类似，是实现计算机和网络连接的接口。计算机与无线网络连接必须使用无线网卡。

台式计算机使用 PCI 或 USB 接口的无线网卡，如图 2-2-10 所示。笔记本计算机使用内置 MiniPCI 接口或外置 PCMCIA 和 USB 接口的网卡。

如果计算机没有内置的无线网卡，应首先安装无线网卡。

（1）将无线网卡插入插槽中，启动计算机，系统会提示发现新硬件，并弹出"更新驱动程序"对话框，如图 2-2-11 所示。

（2）将网卡驱动光盘放入光驱或插入包含驱动文件的 USB 存储器，手动选择网卡驱动程序的安装路径，单击"下一步"按钮，开始安装网卡驱动程序，如图 2-2-12 所示。

（3）完成网卡驱动程序的安装后，打开"设备管理器"窗口，查看网卡是否安装好，如图 2-2-13 所示。

图 2-2-10　无线网卡

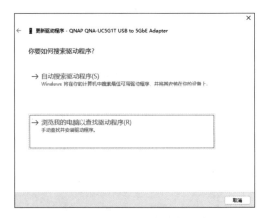

图 2-2-11　"更新驱动程序"对话框

图 2-2-12　选择网卡驱动程序的安装路径

图 2-2-13　"设备管理器"窗口

2. 连接无线路由器

（1）打开"网络连接"窗口，找到"无线网络连接"，单击鼠标右键，在图 2-2-14 所示的快捷菜单中选择"连接 / 断开连接"命令，弹出图 2-2-15 所示的无线连接窗口。

图 2-2-14　在快捷菜单中选择"连接 / 断开连接"命令

图 2-2-15　无线连接窗口

（2）在列出的网络列表中选择"XXPZLN2"网络，双击打开，在弹出的"连接到网络"对话框中输入网络安全密钥，如图 2-2-16 所示。

（3）单击"确定"按钮后，弹出"正在验证并连接"的提示信息，如图 2-2-17 所示。

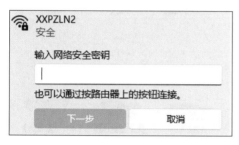

图 2-2-16　"连接到网络"对话框

图 2-2-17　"正在验证并连接"的提示信息

上述设置完成后，这台计算机就可以通过无线局域网访问 Internet。

如果无线路由器没有开启 DHCP 功能，还应参照前面有线连接的设置方式，在"无线网络连接"中设置 IP 地址。

一、无线局域网连接方式

1. 对等式无线局域网

对等式无线局域网即不带无线接入点的独立无线网络，也称无线网卡直连式网络。无线接入点是无线网络的集线器和交换机，可以提供多个无线网络接入口，是移动计算机用户进入有线网络的接入点。组建对等式无线局域网只需在网络中的计算机上安装无线网卡，然后通过无线网卡之间的无线连接，实现计算机之间的通信、资源共享等。对等式无线局域网结构简单，组网方便、快捷，但因信号有效传输距离小，覆盖范围有限，主要适用于少量计算机的小范围间的无线通信。

2. 集中式无线局域网

集中式无线局域网是指通过无线路由器或无线接入点将计算机连接起来的无线网络，所有计算机均安装无线网卡，信息的发送是通过一台计算机发送给路由器，再由路由器发送给其他计算机，信息的传送是通过无线完成的，无线路由器的网络信号覆盖范围内，计算机接收信号后相互通信。如图 2-2-18 所示为集中式无线局域网，任务实施中所组建的局域网就属于这种类型。

3. 扩展式无线局域网

如图 2-2-19 所示，扩展式无线局域网是集中式无线局域网的延伸，主要是将无线网络的覆盖范围扩大，增加计算机的数量。

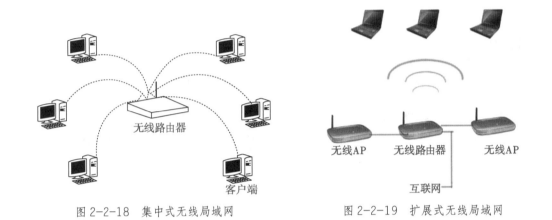

图 2-2-18　集中式无线局域网　　　　图 2-2-19　扩展式无线局域网

二、无线路由器

无线路由器作为一种网络设备，为用户提供了便捷的上网服务，并具备无线覆盖能力。无线路由器支持多种协议标准，如 IEEE802.11ac、IEEE802.11n、IEEE802.11g、IEEE802.11b、IEEE802.11a 等，这些协议标准定义了无线信号传输的规范和方式。无线路由器的主要功能如下。

1. 提供无线接入

通过内置的无线电发射器和天线，无线路由器将网络信号转换为无线信号，使用户能够通过无线设备（如智能手机）连接到互联网。无线覆盖效果受无线路由器的发射功率、天线设计和环境因素等影响。

2. 网络管理

无线路由器具备一系列网络管理功能，如 DHCP 服务，自动分配 IP 地址给连入网络的设备；NAT 防火墙，保护网络免受外部攻击；MAC 地址过滤，限制仅特定设备可以访问网络；动态域名解析，提供简化的网络连接。

3. 多用户连接

无线路由器支持多个设备同时连接，实现多用户共享网络资源，满足同时上网的需求。

4. 安全保护

无线路由器提供一定的安全保护措施，如设置网络密码，限制非授权用户访问；支持 WPA/WPA2 等加密协议，保障数据传输安全；具有防火墙功能，可过滤恶意网络活动。

一、查看网络是否连通的方法

查看计算机与无线路由器是否连通的具体方法是，使用快捷键组合"Win+R"可以快速打开运行对话框，在对话框中输入"cmd"（不含引号）并按回车键。这将打开命令提示符窗口，然后输入"ping 192.168.X.X"（即 ping 路由器 IP 地址，需依据实际路由器默认地址进行填写），如图 2-2-20 所示。

图 2-2-20　查看网络是否连通的方法

二、对等式无线局域网的设置方式

1. 右击桌面"网络"图标，单击快捷菜单中的"属性"命令，单击"网络和共享中心"窗口中的"更改适配器设置"链接，在打开的"网络连接"窗口中会显示"无线网络连接"图标，如图 2-2-21 所示。

2. 右击"无线网络连接"图标，在弹出的快捷菜单中单击"属性"命令，打开"本地连接 属性"对话框，在对话框中选中"Internet 协议版本 4（TCP/IPv4）"，如图 2-2-22 所示，单击"属性"按钮，打开"Internet 协议版本 4（TCP/IPv4）属性"对话框。

3. 设置无线网卡的 IP 地址，如图 2-2-23 所示，完成后单击"确定"按钮。

图 2-2-21 "无线网络连接"图标

图 2-2-22 "本地连接 属性"对话框

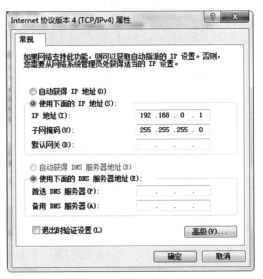

图 2-2-23 设置无线网卡的 IP 地址

4. 回到"网络连接"窗口，右击"无线网络连接"图标，在弹出的快捷菜单中单击"状态"命令，弹出"无线网络连接 状态"对话框，如图 2-2-24 所示。

5. 单击"属性"按钮，弹出"XXZXJYS 无线网络属性"对话框，选择"安全"选项卡，安全类型选择"无身份验证（开放式）"选项，加密类型选择"无"选项（如果需要加密无线局域网，则在此处选择"WPA2—个人"，然后输入网络密钥），如图 2-2-25 所示。

6. 按照同样的方法设置第 2 台计算机的 IP 地址和无线网络属性，注意 IP 地址要在同一网段上。

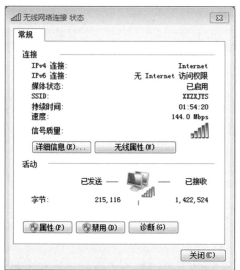

图 2-2-24　"无线网络连接 状态"对话框

图 2-2-25　"XXZXJYS 无线网络属性"对话框

7. 两台计算机都设置好后，系统右下角会显示"无线网络连接现在已连接"的提示信息，表示无线网络已经连接完成。

1. 无线局域网与有线局域网相比有哪些特点？

2. 使用无线路由器组建无线局域网。

任务 3　通过移动通信网络接入 Internet

1. 了解 5G 的基本知识。

2. 掌握利用手机实现计算机无线上网的设置过程。

在没有 Wi-Fi 环境的场合，如果要实现计算机无线上网，可以通过手机启用移动数据功能，开启移动网络共享（共享热点），计算机通过无线网卡连接该热点，即可实现无线上网。本任务就来学习如何利用手机通过移动通信网络接入 Internet。

目前主流的手机操作系统主要有安卓和 iOS 两种。采用安卓系统的手机品牌很多，下面以某手机为例，介绍安卓系统手机的相关设置。

一、如图 2-3-1 所示，单击"设置"图标，打开图 2-3-2 所示的"设置"页面，单击"更多"选项。

二、单击图 2-3-3 所示"无线和网络"设置页面中的"移动网络"选项，打开图 2-3-4 所示"移动网络"设置页面，向右拖动"移动数据"右侧开关，启用移动数据，单击页面下方左侧 ◁ 按钮，返回到"无线和网络"设置页面。

图 2-3-1　单击"设置"图标

图 2-3-2　"设置"页面

图 2-3-3　"无线和网络"
设置页面

三、在"无线和网络"设置页面中，单击"移动网络共享"选项，如图 2-3-5 所示，打开"移动网络共享"设置页面，单击"便携式 WLAN 热点"选项，如图 2-3-6 所示。

图 2-3-4　"移动网络"设置页面

图 2-3-5　单击"移动网络共享"选项

图 2-3-6　单击"便携式 WLAN 热点"选项

四、在图 2-3-7 所示的"便携式 WLAN 热点"设置页面中，向右拖动"HUAWEI Mate"右侧开关，启用该热点，单击"配置 WLAN 热点"选项。

五、在图 2-3-8 中，设置网络 SSID、加密类型、密码等项目，设置完成后，单击"保存"按钮后返回上一级页面，退出后即配置完成。

六、在计算机上查看可用的无线连接，如图 2-3-9 所示。在列出的网络列表中找到手机共享的"HUAWEI Mate"热点，单击选中，再单击"连接"按钮。

七、在弹出的"连接到网络"对话框中，输入网络安全密钥，单击"确定"按钮即可完成连接，如图 2-3-10 所示。

图 2-3-7　"便携式 WLAN 热点"设置页面

图 2-3-8　设置网络 SSID、加密类型、密码等项目

图 2-3-9　在计算机上查看可用的无线连接

图 2-3-10　输入网络安全密钥

经过上述设置，即可完成计算机通过手机移动通信网络上网。

相关知识

在当今这个时代，各种创新技术不断涌现，带来了日新月异的变化和繁荣。5G 是新一代的移动通信技术，它能够支持更大的带宽、更快的传输速度和更高的数据速率。

一、5G 核心技术

5G 核心技术包括移动通信、无线接入和光网络等三个方面。其中，移动通信主要应用于室内外的短距离通信；无线接入主要用于室外通信场景下的人员之间或设备之间的通信；而在光网络领域，则涉及了对传统光纤传输技术进行革命性的创新，例如激光器芯片的研发。根据以上三点，可以看到 5G 网络所需要具备的四大核心能力：高速率、低时延、广连接、高安全。随着科技的不断进步，人类对于通信方式的需求也越来越多样化，因此，针对不同用途的 5G 网络应具有相应的核心优势才能满足市场需求。

二、5G 对经济、社会和文化的影响

5G 的发展对经济、社会和文化带来了巨大影响。首先，5G 网络将使移动通信技术达到前所未有的水平。由于毫米波的发展，5G 的频谱更宽、传输速度更快和能量密度更高，因此它可以实现高清视频通话和多模数据传输等多种应用，并为工业生产和消费领域带来革命性变革。

知识拓展

设置 iPhone 手机个人热点

与安卓系统手机类似，使用 iOS 系统的 iPhone 手机也支持移动数据与移动网络的共享。下面介绍 iPhone 手机设置手机个人热点的方法。

单击屏幕上的"设置"图标，选择"蜂窝移动网络"选项，然后移动"个人热点"右侧的滑块以开启个人热点功能，然后设置 Wi-Fi 密码，这个密码的长度至少应为八个字符并使用 ASCII 字符，如图 2-3-11 所示。

手机网络是按照流量计费，而计算机等设备接入网络后，常常会在后台自动运行软件更新或系统更新等程序，从而产生较多的流量。对于安卓系统手机，为避免损失，在设置热点时，可对接入设备的数量、单次使用的流量等进行限制，而 iPhone 手机不支持这些设置，在使用时应加以注意。

图 2-3-11　设置 Wi-Fi 密码

1. 无线上网的基本类型有哪些?

2. 简述利用手机实现计算机无线上网的设置过程。

项目三
Internet 的使用安全

　　随着计算机网络应用的迅速普及，无论是在工作中还是在生活中，人们对计算机网络的依赖越来越强，甚至可以说，离开计算机网络，很多工作已不能正常进行。与此同时，人们对计算机网络的安全问题也越来越重视，如何有效预防计算机病毒、杜绝恶意软件、防止黑客攻击、保护个人信息等问题已成为很多用户关注的焦点。

　　本项目将对计算机网络安全问题进行分析，并介绍几款常用的计算机网络安全及管理软件的使用方法。

　　具体任务设置如下。

➢ 金山毒霸软件的使用。

➢ 360 安全卫士软件的使用。

任务 1　金山毒霸软件的使用

学习目标

1. 理解计算机网络安全的定义与面临的安全问题。

2. 理解计算机病毒的定义和特点。

3. 掌握金山毒霸软件的使用方法。

杀毒软件是计算机病毒防范及查杀的重要工具。本任务以金山毒霸软件为例详细介绍如何进行杀毒软件的安装、设置、病毒查杀和升级。

一、安装金山毒霸软件

1. 通过浏览器进入金山毒霸官网（http://www.ijinshan.com/），下载金山毒霸软件到本地磁盘中，如图 3-1-1 所示，运行金山毒霸软件的安装程序，根据安装向导进行操作。

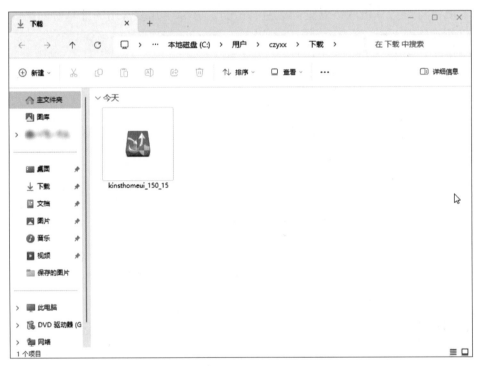

图 3-1-1　金山毒霸软件的安装程序

2. 在显示的安装窗口中，指定金山毒霸软件的安装目录，单击"同意并安装"按钮完成安装，如图 3-1-2 所示。

3. 安装完成后，打开金山毒霸软件，如图 3-1-3 所示。

图 3-1-2　单击"同意并安装"按钮　　　　图 3-1-3　打开金山毒霸软件

二、金山毒霸软件的相关设置

1. 常规设置

打开软件后，单击"设置中心"选项，进入金山毒霸的设置界面，如图 3-1-4 所示。

图 3-1-4　单击"设置中心"选项

（1）在"基本设置"中，可以将金山毒霸软件设置为开机自动运行，还可以对代理和免打扰等功能进行设置，如图 3-1-5 所示。

图 3-1-5 "基本设置"界面

（2）在"安全保护"设置中，可以设置病毒查杀方式，如"查杀的文件类型""扫描方式设置""发现病毒时的处理方式"等，如图 3-1-6 所示。

图 3-1-6 "安全保护"界面

（3）金山毒霸软件具有垃圾清理（见图 3-1-7）、电脑加速（见图 3-1-8）等常用优化功能，在"设置中心"可以对这些功能进行设置。

图 3-1-7　"垃圾清理"界面

图 3-1-8　"电脑加速"界面

2. 杀毒模式设置

金山毒霸软件提供"全盘查杀"和"自定义查杀"两种杀毒模式。在"全盘查杀"模式下，金山毒霸软件会对计算机硬盘所有分区文件进行病毒扫描查杀，该模式耗时长、查杀彻底；在"自定义查杀"模式下，金山毒霸软件需要用户选择一个文件夹或分区进行病毒扫描查杀，该模式查杀快速精准、范围有限。

在金山毒霸软件首页界面，单击"闪电查杀"后的 > 按钮，即可进行查杀模式的选择，如图 3-1-9 所示。

图 3-1-9　查杀模式的选择

3. 详细设置

在"设置中心"单击"安全保护"选项卡，可以对杀毒防护进行详细设置，设置内容包括"病毒查杀""系统保护""上网保护""网购保镖""游戏保护""U 盘卫士""信任设置"和"引擎设置"等。

（1）病毒查杀

1）用户可以在"闪电查杀"模式下，设置扫描所有类型文件或仅扫描程序和文档文件。

2）用户可以在全盘和自定义扫描时，设置是否进入压缩包或光驱进行扫描。

3）用户可以在发现病毒时，设置自动处理或手动处理，为了提高查杀效率，可以设置为自动处理。

4）为了提升 Office 文件的扫描效力，需要勾选"宏病毒强力修复模式"复选框。

（2）系统保护

1）通过监控模式设置可以对系统进行全程监控，随时监控磁盘上的文件，有效拦截危险动作和病毒运行，如图 3-1-10 所示。

图 3-1-10　监控模式设置

2）通过安全功能设置可以防止恶意驱动破坏系统内核和提示 Office 文档安全结果。

3）通过勒索病毒防护设置，可以开启诱饵式防护，预防勒索病毒变种。

4）通过弹窗拦截设置，可以拦截广告弹窗，提高计算机使用流畅性。

（3）上网保护

1）开启上网保护后，可以在用户使用搜索引擎时进行实时保护，如图 3-1-11 所示。

2）在上网时经常需要下载文件，可以进行下载保护设置，包括下载文件提醒方式、扫描到病毒后的处理方式、扫描下载文件等设置。

（4）网购保镖

设置网购时页面的颜色以及提醒界面，避免用户泄露网银交易账号、密码和隐私内容，如图 3-1-12 所示。

图 3-1-11　开启上网保护

图 3-1-12　开启网购保镖

（5）游戏保护

可以开启游戏极速模式，游戏启动时，进行物理内存清理、系统设置优化、关闭系统弹窗通知、结束与游戏无关的进程等，以提高用户的游戏体验，如图 3-1-13 所示。

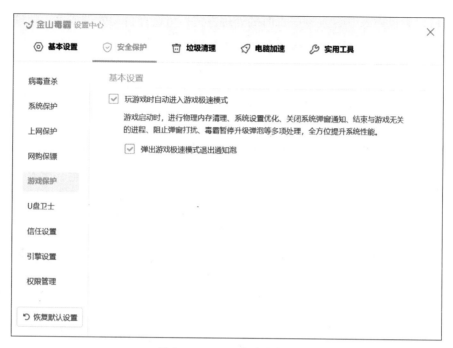

图 3-1-13　开启游戏保护

（6）U 盘卫士

1）开启 U 盘卫士可以帮助用户更加安全地使用 U 盘，如图 3-1-14 所示。

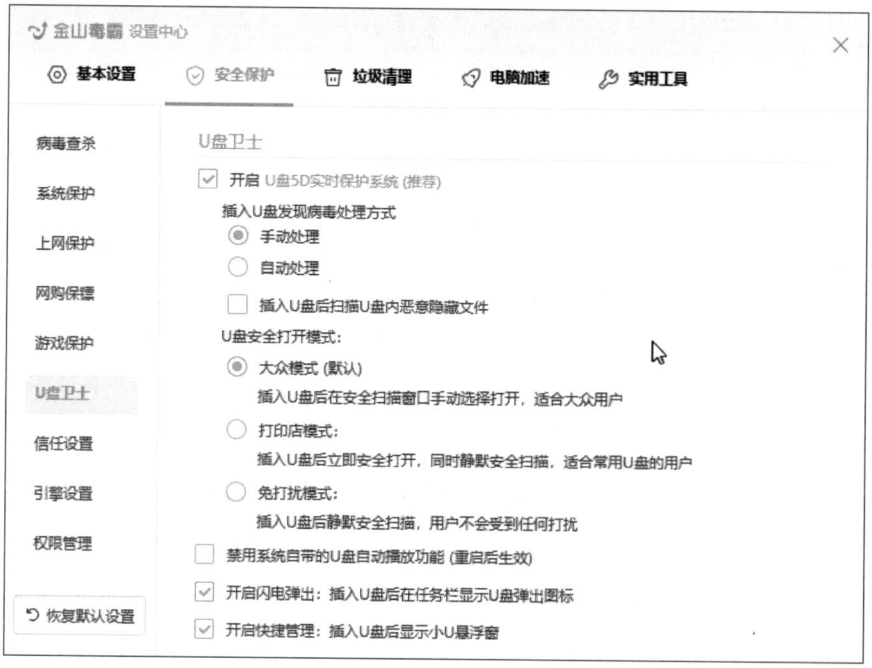

图 3-1-14　开启 U 盘卫士

2）可以设置插入 U 盘发现病毒时的处理方式，可选择自动处理或手动处理。

3）可以从以下 3 种模式中选择 U 盘安全打开模式。

大众模式（默认）：插入 U 盘后在安全扫描窗口手动选择打开，适合大众用户。

打印店模式：插入 U 盘后立即安全打开，同时静默安全扫描，适合常用 U 盘的用户。

免打扰模式：插入 U 盘后静默安全扫描，用户不会受到任何打扰。

4）在 U 盘卫士中还可以设置禁用系统自带的 U 盘自动播放功能、插入 U 盘后在任务栏显示 U 盘弹出图标以及插入 U 盘后显示小 U 悬浮窗。

（7）其他设置

1）通过信任设置，可以设置信任的文件、网址、系统修复项等，如图 3-1-15 所示。

图 3-1-15　信任设置

2）通过引擎设置，可以设置病毒查杀引擎等，如图 3-1-16 所示。

4. 升级设置

通过进行升级设置能保持金山毒霸软件及时更新病毒库，从而可以查杀各种新病毒，升级设置界面如图 3-1-17 所示。升级程序可以通过 Internet 进行升级，也可以选择本地下载好的程序进行升级，如图 3-1-18 所示。

图 3-1-16　引擎设置

图 3-1-17　升级设置界面

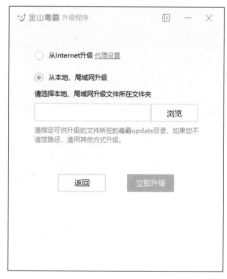

图 3-1-18　升级方式选择

三、查杀病毒操作

1. 全盘查杀

在金山毒霸软件主界面上单击"全面扫描"按钮即可对系统所有文件进行扫描，扫描完毕后，单击"立即处理"按钮进行系统优化及病毒处理，如图 3-1-19 所示。

图 3-1-19　全盘查杀

2. 自定义查杀

单击金山毒霸软件首页"闪电查杀"后的 > 按钮，选择"自定义查杀"选项，弹出"自定义查杀"窗口，选择需要查杀的路径进行扫描查杀，如图 3-1-20 所示。

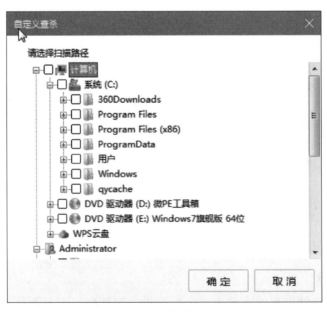

图 3-1-20　自定义查杀

一、计算机网络安全的定义

计算机网络安全是指利用网络管理控制和技术措施，保证在一个网络环境中，数据的保密性、完整性及可使用性受到保护。计算机网络安全包括物理安全和逻辑安全两个方面。物理安全是指系统设备及相关设施受到物理保护，免于破坏、丢失等。逻辑安全包括信息的完整性、保密性和可用性。

二、计算机网络安全的潜在威胁

影响计算机网络安全的因素有很多，包括人为因素、自然因素和偶发因素等。其中，人为因素是指一些不法之徒利用计算机网络存在的漏洞，或潜入计算机机房盗用计算机系统资源，非法获取重要数据、篡改系统数据、破坏硬件设备、编制计算机病毒等。人为因素是对计算机信息网络安全威胁最大的因素。影响计算机网络安全的潜在威胁，主要表现在以下几个方面。

1. 计算机网络的脆弱性

互联网是对全世界都开放的网络，任何单位或个人都可以在网上方便地传输和获取各种信息。互联网这种具有开放性、国际性、自由性的特点对计算机网络安全性提出了挑战。

（1）网络的开放性

网络的技术是全开放的，网络所面临的攻击来自多方面，包括来自物理传输线路的攻击、对网络通信协议的攻击以及对计算机软件、硬件漏洞实施的攻击。

（2）网络的国际性

网络的国际性意味着对网络的攻击不仅是来自本地网络的黑客，还可以是互联网上其他国家的黑客，所以网络的安全面临着国际化的挑战。

（3）网络的自由性

大多数的网络对用户的使用没有技术上的约束，用户可以自由地上网，发布和获取各类信息。

2. 操作系统存在的安全问题

操作系统主要是管理系统的硬件资源和软件资源，其自身的不安全性和系统开发设计时留下的破绽，会给网络安全带来隐患。

Windows 操作系统具有易用性、集成性、兼容性等特点，但系统安全性在设计时考虑不足。虽然 Windows 操作系统随着版本的更新，其安全性提高了很多，但是由于整体设计思想的限制，造成了 Windows 操作系统的漏洞不断。另外，在一个安全的操作系统中，最重要的安全概念是权限。每个用户有一定的权限，一个文件有一定的权限，而一段代码也有一定的权限。Windows 操作系统对权限的管理还有一定的局限性，这也给计算机网络安全带来了潜在的威胁。

3. 防火墙的局限性

防火墙只能提供网络的安全性，不能保证网络的绝对安全，它难以防范网络内部的攻击和病毒的侵犯。另外，随着技术的发展，还有一些破解方法会对防火墙造成了一定威胁。

4. 其他方面的因素

计算机系统硬件和通信设施极易受到自然环境的影响，例如，各种自然灾害，如地震、泥石流、水灾、风暴、建筑物破坏等都可能对计算机网络安全构成威胁。一些偶发性因素，如电源故障、设备机能的失常、软件开发过程中留下的某些漏洞等也会对计算机网络构成严重威胁。此外，管理不善、规章制度不健全、安全管理水平较低、操作失误、渎职行为等也会对计算机网络安全造成威胁。

三、计算机网络安全的相关对策

1. 技术层面对策

计算机网络安全技术主要有实时扫描技术、实时监测技术、防火墙技术、完整性检验保护技术、病毒情况分析报告技术和系统安全管理技术等。综合起来，技术层面可以采取以下相关对策。

（1）建立安全管理制度

提高包括系统管理员和用户在内的人员的技术素质和职业道德修养。对重要部门和信息，严格做好开机查毒，及时备份数据，这是最简单有效的方法。

（2）网络访问控制

访问控制是网络安全防范和保护的主要策略，其主要任务是保证网络资源不被非法使用和访问。访问控制涉及的技术较广，包括入网访问控制、网络权限控制、目录级控制以及属性控制等多种方式。

（3）数据库的备份与恢复

数据库的备份与恢复是数据库管理员维护数据安全性和完整性的重要操作。备份是恢复数据库最容易和最能防止意外的保证方法。恢复是在意外发生后利用备份来恢复数据的操作。主要备份策略一般有 3 种：只备份数据库、备份数据库和事务日志以及增量备份。

（4）应用密码技术

密码技术是信息安全核心技术，它为信息安全提供了可靠的保证。基于密码的数字签名和身份认证是当前保证信息完整性的最主要方法之一。密码技术主要包括古典密码体制、单钥密码体制、公钥密码体制、数字签名以及密钥管理等。

（5）切断传播途径

对被感染的硬盘和计算机进行彻底杀毒处理，不使用来历不明的 U 盘和程序，不随意下载网络上的可疑信息和文件。

（6）提高网络反病毒技术能力

通过安装病毒防火墙，进行实时过滤。对网络服务器中的文件进行频繁扫描和监测，在工作站上采用防病毒卡，加强网络目录和文件访问权限的设置。

（7）研发并完善安全性较高的操作系统

研发具有高安全性的操作系统，不给病毒得以滋生的环境。

2. 管理层面对策

计算机网络的安全管理，不仅要看所采用的安全技术和防范措施，而且要看它所采取的管理措施和执行计算机安全保护法律、法规的力度。只有将两者紧密结合，才能确保计算机网络安全。

计算机网络的安全管理，包括对计算机用户的安全教育、建立相应的安全管理机构、不断完善和加强计算机的管理功能等方面。

3. 物理安全层面对策

要保证计算机网络系统的安全、可靠，必须保证系统实体有一个安全的物理环境。这个安全的物理环境是指机房及其设施，主要包括以下内容。

（1）计算机系统的环境

计算机系统的安全环境条件，包括温度、湿度、空气洁净度、腐蚀度、虫害、振动和冲击、电气干扰等方面，都要有具体的要求和严格的标准。

（2）机房场地环境

为计算机系统选择一个合适的安装场所十分重要，这直接影响系统的安全性和可靠性。选择机房场地时，要注意其外部环境的安全性、地质可靠性、场地抗电磁干扰性，避开强振动源和强噪声源，并避免设在建筑物高层和用水设备的下层或隔壁。同时，还要注意机房场地出入口的管理。

（3）机房的安全防护

机房的安全防护是针对环境的物理灾害和防止未授权的个人或团体破坏、篡改或盗窃网络设施、重要数据而采取的安全措施和对策。为做到区域安全，第一，应考虑物理访问控制来识别访问用户的身份，并对其合法性进行验证；第二，对来访者必须限定其活动范围；第三，要在计算机系统中心设备外设置多层安全防护圈，以防止非法暴力入侵；第四，设备所在的建筑物应具有抵御各种自然灾害的设施。

四、计算机病毒及防治

1. 计算机病毒的定义

2011 年 1 月 8 日，我国发布了《中华人民共和国计算机信息系统安全保护条例》的修订版本，条例第二十八条中明确指出："计算机病毒，是指编制或者在计算机程序中插入的破坏计算机功能或者毁坏数据，影响计算机使用，并能自我复制的一组计算机指令或者程序代码"。

2. 计算机病毒的特点

（1）寄生性

计算机病毒寄生在其他程序之中，当执行该程序时，病毒即产生破坏作用，而在未启动这个程序之前，病毒是不易被人发觉的。

（2）破坏性

计算机病毒具有较强的破坏性，可能会导致正常程序无法运行，或将计算机内的文件删除，或使其产生不同程度的损坏。

（3）传染性

计算机病毒不但具有破坏性，还具有传染性，一旦病毒被复制或产生变种，其传播速度之快令人难以预防。传染性是计算机病毒的基本特征。

（4）潜伏性

有些计算机病毒像定时炸弹一样，其发作时间是预先设计好的，如黑色星期五病毒，不到预定时间是觉察不出来的，等到条件具备时即立刻触发，对计算机系统进行破坏。

（5）隐蔽性

计算机病毒具有很强的隐蔽性，有的可以通过病毒软件检测出来，有的则无法通过病毒软件检测出来，还有的时隐时现、变化无常，这类病毒处理起来通常都较为困难。

（6）可触发性

因某个事件或数值的出现，诱使计算机病毒实施感染或进行攻击的特性称为病毒的可触发性。为了隐蔽，计算机病毒必须潜伏。病毒的触发机制就是用来控制感染和破坏动作的频率的。计算机病毒具有预定的触发条件，这些条件可以是时间、日期、文件类型或某些特定数据等。

一、云安全技术

云安全技术是网络时代信息安全的最新理念，它融合了并行处理、网格计算、未知病毒行为判断等新兴技术和概念，通过网状的大量客户端对网络中软件的异常行为进行监测，获取互联网中木马、恶意程序的最新信息，推送到服务端进行自动分析和处理，再把病毒和木马的解决方案分发到每一个客户端。

应用云安全技术后，识别和查杀病毒不再仅仅依靠本地硬盘中的病毒库，而是依靠庞大的网络服务，实时进行采集、分析和处理。整个互联网就是一个巨大的"杀毒软件"，参与者越多，每个参与者就越安全，整个互联网就会越安全。

二、其他常用杀毒软件

除了金山毒霸软件以外，其他常用的杀毒软件还有 360 杀毒软件、卡巴斯基杀毒软件、诺顿杀毒软件等。

1. 360 杀毒软件

360 杀毒软件是一款免费的采用云安全技术的杀毒软件，其具有查杀效率高、资源占用少、升级迅速等特点。

360 杀毒软件整合了国际知名的 Bit Defender 病毒查杀引擎和 360 安全中心研发的云查杀引擎。双引擎智能调度，可提供完善的病毒防护体系。

2. 卡巴斯基杀毒软件

卡巴斯基杀毒软件能够保护家庭用户、工作站、邮件系统和文件服务器以及网关。除此之外，还能提供集中管理工具、反垃圾邮件系统、个人防火墙和移动设备的保护等。

3. 诺顿杀毒软件

诺顿杀毒软件是一款被广泛应用的反病毒程序，其除具有防病毒功能外，还具有防间谍等网络安全防护功能。

1. 安装并个性化设置金山毒霸软件。

2. 使用金山毒霸软件对整个硬盘进行病毒查杀操作。

任务 2　360 安全卫士软件的使用

1. 掌握系统漏洞的概念及漏洞修复的方法。
2. 掌握恶意软件的定义、特征及防治方法。
3. 掌握防火墙的概念、功能及局限性。
4. 掌握 360 安全卫士软件的使用方法。

360 安全卫士、QQ 电脑管家等辅助保护类软件具有查杀木马、清理插件、修复漏洞、计算机体检等多种功能，可全面、智能地拦截各类木马，保护用户的账号、隐私等重要信息，是目前比较受欢迎的计算机安全软件。本任务就以 360 安全卫士软件为例对辅助保护类软件在计算机网络安全方面的功能进行介绍。

一、安装 360 安全卫士软件

1. 打开 360 安全中心网站（http://www.360.cn/），在页面对应的下载位置单击"下载"按钮，下载 360 安全卫士软件的安装程序，如图 3-2-1 所示。

2. 双击运行 360 安全卫士软件的安装程序，根据向导提示完成软件的安装。

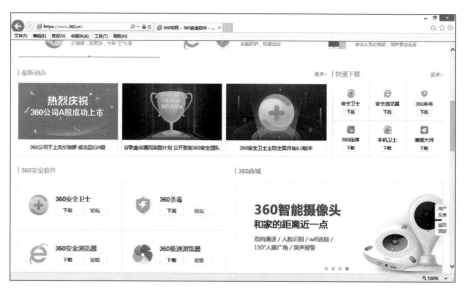

图 3-2-1　360 安全中心网站

二、电脑体检

1. 在桌面上双击 图标，打开 360 安全卫士软件主界面。

2. 在 360 安全卫士软件主界面单击"立即体检"按钮，对计算机进行快速扫描，如图 3-2-2 所示。

图 3-2-2　360 安全卫士软件主界面

提示

在首次运行 360 安全卫士软件时，会自动进行全面的体检。

完成体检后的界面如图 3-2-3 所示，软件发现系统存在一些安全隐患。此时，用户可以单击"一键修复"按钮，或是单击每个项目下的操作按钮对安全隐患和推荐优化的项目进行处理，也可以在对应的单项检查中进行操作。

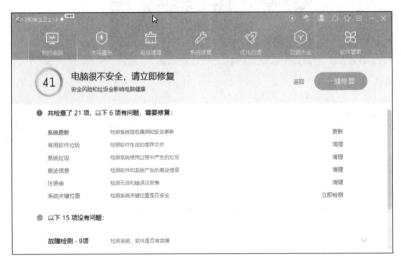

图 3-2-3　完成体检后的界面

三、木马查杀

在 360 安全卫士软件主界面的"木马查杀"栏中，可以根据需要选择"快速查杀""全盘查杀"或"按位置查杀"等选项，如图 3-2-4 所示。

图 3-2-4　木马查杀方式选择

1. 快速查杀

扫描系统内存、启动对象等关键位置，查杀速度较快。

2. 全盘查杀

扫描系统内存、启动对象及全部磁盘，查杀速度较慢。

3. 按位置查杀

由用户自定义需要扫描的磁盘范围，可以指定某个磁盘或某个磁盘中具体的文件夹，查杀针对性较强。

四、电脑清理

很多软件会在使用之后留下使用痕迹，经常清理可以保护用户的个人隐私。选择"电脑清理"栏，可以根据需要进行电脑清理，如图 3-2-5 所示。

图 3-2-5　电脑清理

五、系统修复

选择"系统修复"栏可以进行系统漏洞的修复，如图 3-2-6 所示。在扫描结果中，可以选择需要修复的漏洞或单击"一键修复"按钮对漏洞进行全面修复。

图 3-2-6　系统修复

提示

高危漏洞会给计算机系统带来巨大的安全隐患，建议用户进行修复。

六、优化加速

如图 3-2-7 所示，单击"一键加速"按钮进行优化扫描，优化扫描完成后，会显示需要优化的项目，如图 3-2-8 所示，单击相应优化项目可查看具体优化的内容。选择需要优化的项目，再单击"立即优化"按钮即可。

图 3-2-7　优化加速

图 3-2-8　需要优化的项目

　　优化完成后，软件会显示优化的问题项，可以在此查看优化的详情，如图 3-2-9 所示。

图 3-2-9　查看优化的详情

七、功能大全

　　360 安全卫士软件的功能大全界面如图 3-2-10 所示，可以针对安全、数据、网络系统等项目进行有针对性的设置和管理。

图 3-2-10　360 安全卫士软件的功能大全界面

一、系统漏洞的概念及修复方法

1. 系统漏洞的概念

系统漏洞是指应用软件或操作系统软件在逻辑设计上的缺陷或在编写时产生的错误。系统漏洞可以被不法者或计算机黑客利用，通过植入木马、病毒等方式来攻击或控制整个计算机，从而窃取计算机中的重要资料和信息，甚至破坏用户的计算机系统。

2. 系统漏洞的修复

任何软件都不可能是十全十美的，它们或多或少都存在着一些问题或漏洞，俗称为 BUG。为了解决 BUG 在软件使用过程中带来的安全隐患，在 BUG 被发现后会编写一些程序来修复软件存在的问题或漏洞，使其更加完善，通常把这些程序称为补丁。补丁又分为高危漏洞补丁和功能性更新补丁等。

（1）高危漏洞补丁

这类补丁对于系统的安全性非常重要，建议用户一定要安装。

（2）功能性更新补丁

这类补丁用于更新系统或软件的功能，用户可以根据需要进行选择性安装。

安装补丁程序是系统漏洞修复的主要途径，可以在软件或系统的官方网站上下载相应的补丁程序，也可以通过类似 360 安全卫士软件的修复漏洞功能来完成补丁程序的安装，从而修复软件或系统的漏洞。

二、恶意软件的定义、特征及防治方法

1. 恶意软件的定义

恶意软件是指在未明确提示用户或未经用户许可的情况下，在用户计算机或其他终端上安装运行，侵害用户合法权益的软件。

2. 恶意软件的特征

（1）强制安装

强制安装是指未明确提示用户或未经用户许可，在用户计算机或其他终端上安装软件的行为。

（2）难以卸载

难以卸载是指未提供通用的卸载方式，或在不受其他软件影响、人为破坏的情况

下，卸载后仍然有活动程序的行为。

（3）浏览器劫持

浏览器劫持是指未经用户许可，修改用户浏览器或其他相关设置，迫使用户访问特定网站或导致用户无法正常上网的行为。

（4）广告弹出

广告弹出是指未明确提示用户或未经用户许可，利用安装在用户计算机或其他终端上的软件弹出广告的行为。

（5）恶意收集用户信息

恶意收集用户信息是指未明确提示用户或未经用户许可，恶意收集用户信息的行为。

（6）恶意卸载

恶意卸载是指未明确提示用户或未经用户许可，误导、欺骗用户卸载其他软件的行为。

（7）恶意捆绑

恶意捆绑是指在软件中捆绑已被认定为恶意软件的行为。

除了上述特征，有的软件还具有一定的侵害用户软件安装、使用和卸载知情权、选择权的恶意行为。

3. 恶意软件的防治

恶意软件具有不同的形式，最典型的有特洛伊木马、后门软件等。因为恶意软件由多种威胁组成，所以需要采取多种方法和技术来保护计算机系统的安全。如采用防火墙来过滤潜在的破坏性代码，采用垃圾邮件过滤器、入侵检测系统、入侵防御系统等来加固网络，加强对破坏性代码的防御能力。为防止恶意软件在局域网内传播，应采取如下措施。

（1）正确使用电子邮件和网络。

（2）禁止或监督非网络源的协议在企业网络内使用。

（3）确保在所有的桌面系统和服务器上安装最新的浏览器、操作系统、应用程序补丁，并确保垃圾邮件和浏览器的安全设置达到适当水平。

（4）确保安装安全软件，及时更新并且使用最新的反病毒数据库。

（5）不要授权普通用户使用管理员权限，特别注意不要让其下载和安装设备驱动程序，因为这是许多恶意软件乘虚而入的方式。

（6）制定处理恶意软件的策略，组建可担负网络安全职责并能够定期执行安全培训的团队。

三、防火墙的概念、功能及局限性

1. 防火墙的概念

防火墙是指由软件和硬件设备组合而成，在内部网和外部网之间、专用网与公共网之间、Internet 与 Intranet（内联网）之间的界面上构造的保护屏障，用以保护内部网免受非法用户的侵入。防火墙主要由服务访问规则、验证工具、包过滤和应用网关等部分组成。

2. 防火墙的特性和功能

防火墙应具备以下几个方面的特性和功能。

（1）所有内部网和外部网之间交换的数据都可以而且必须经过防火墙。

（2）只有防火墙系统中安全允许的数据才可以自由出入防火墙，其他数据禁止通过。

（3）防火墙本身受到攻击后，应能继续稳定有效地工作。

（4）防火墙应有效地记录和统计网络的使用情况。

（5）防火墙应有效地过滤、筛选和屏蔽一切有害的服务和信息。

（6）防火墙应能隔离网络中的某些网段，防止一个网段的故障传播到整个网络。

3. 防火墙的局限性

防火墙不能解决所有的安全问题，因为它存在以下的局限性。

（1）防火墙不能防范不经过防火墙的攻击。例如，内部网用户如果采用独立接入上网的方式，就会绕过防火墙所提供的安全保护，从而造成了一个潜在的后门攻击渠道。

（2）防火墙不能防范恶意的知情者或内部用户误操作造成的威胁，以及由于口令泄露而受到的攻击。

（3）防火墙不能防止受病毒感染的软件或木马文件的传输。由于病毒、木马、文件加密、文件压缩的种类太多，而且更新很快，所以防火墙无法逐个扫描每个文件以查找病毒。

（4）由于防火墙不检测数据的内容，因此防火墙不能防止数据驱动式的攻击。有些表面看来无害的数据或邮件在内部网主机上被执行时，可能会发生数据驱动式的病毒攻击。

另外，物理上不安全的防火墙设备、配置不合理的防火墙、防火墙在网络中的位置不当等情况，都会使防火墙形同虚设。

360 安全卫士软件的高级工具介绍

1. 开机加速

在实际应用中，并不是所有的软件都需要在计算机启动时立刻运行，过多软件在开机时运行不仅拖慢启动速度，占用系统资源，还可能被木马利用，留下安全隐患。

360 安全卫士软件的开机加速功能会提示用户对开机的启动项、服务等进行管理，以加快计算机的启动速度，提高系统性能。软件启动项优化操作界面如图 3-2-11所示。

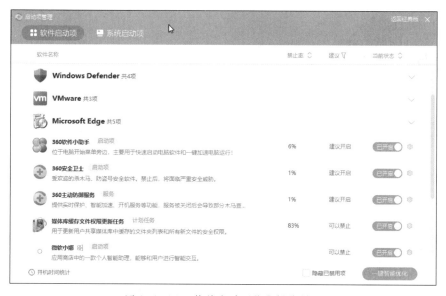

图 3-2-11 软件启动项优化操作界面

2. 上网管理

上网管理能帮助用户进行网速管理、保护网速、防蹭网、测网速等，通过网速管理可以找出拖慢网速的程序，提高网络速度。管理网速的操作界面如图 3-2-12所示。

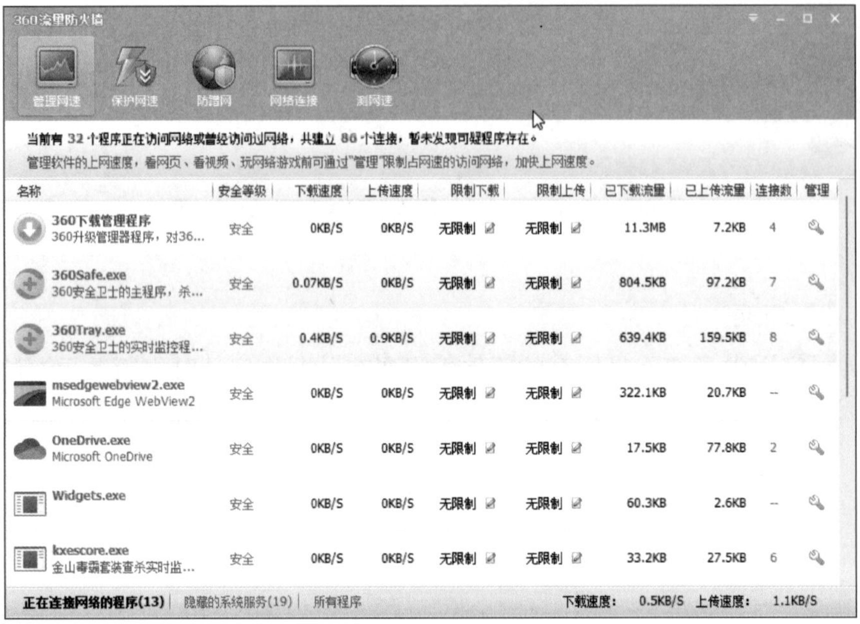

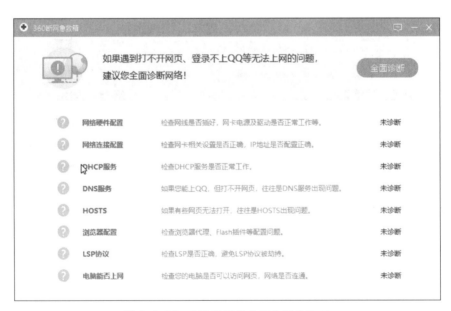

图 3-2-12　管理网速的操作界面

3. 360 断网急救箱

360 断网急救箱能在断网的情况下，帮助用户诊断网络故障，诊断出故障后可以对网络进行简单的修复，360 断网急救箱的操作界面如图 3-2-13 所示。

图 3-2-13　360 断网急救箱的操作界面

思考与练习

1. 运用 360 安全卫士软件查杀木马、清理插件、修复系统漏洞。

2. 运用 360 安全卫士软件清理计算机垃圾及使用痕迹。

项目四
Internet 的故障检查

Windows 操作系统自带了许多网络命令，这些命令虽然简单，但却有着非常强大的功能，不论是在网络故障的检测、排除，还是在网络的设置、配置等方面都有着很强的实用性。本项目将介绍常用网络命令的功能和使用方法。

具体任务设置如下。

➤ 使用专用工具对一般网络故障进行检查。

➤ 使用 ping 命令检查网络故障。

➤ 使用 ipconfig 命令查看网络配置。

➤ 使用 tracert 命令跟踪路由。

任务 1　使用专用工具对一般网络故障进行检查

学习目标

1. 能使用专用工具软件排查和修复网络故障。

2. 了解网速的基本概念，并能使用工具软件进行检测。

3. 了解常见网络故障及其排除流程。

任务引入

现代生活与网络的联系日益紧密，但在长时间使用计算机的过程中，偶尔还是会遇到断网现象。在联系宽带服务提供商之前，先使用网络专用工具对网络进行修复，有时可以直接解决简单的网络故障。

任务实施

一、使用腾讯电脑管家修复网络

1. 下载并安装腾讯电脑管家

通过浏览器进入腾讯电脑管家（简称电脑管家）官网（https://guanjia.qq.com/），单击"立即下载"按钮，下载腾讯电脑管家的安装程序，然后运行下载的安装程序，选择好安装位置后，单击"一键安装"按钮，即可自动进行安装，如图 4-1-1 所示。

图 4-1-1 腾讯电脑管家

2. 打开网络修复工具

安装完成后，双击电脑管家图标打开电脑管家，单击右下方的"工具箱"按钮，然后选择并单击"上网"选项卡里的"网络修复"按钮，打开网络修复工具，如图 4-1-2 所示。

图 4-1-2　打开网络修复工具

3. 使用网络修复工具

单击网络修复工具中的"全面检查"按钮，如图 4-1-3 所示，此时会出现"修复此项可能会关闭 IE"的提示信息对话框，单击"确定"按钮后，程序自动进入诊断过程。

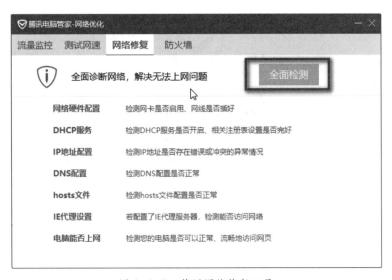

图 4-1-3　使用网络修复工具

网络修复工具将从网络硬件配置、DHCP 服务、IP 地址配置、DNS 配置、hosts 文件、IE 代理设置等方面对网络进行诊断，诊断结束后，如果对应检测项目后出现"异常"字样，说明此项存在问题。单击"立即修复"按钮，网络修复工具会自动完成修复工作，如图 4-1-4 所示。若网络修复工具无法修复"异常"项目，说明是宽带线路或设备出现故障，通常会出现"651"和"678"错误代码。

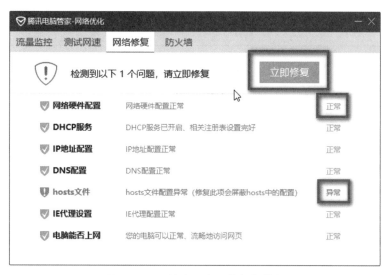

图 4-1-4　单击"立即修复"按钮

网络修复工具自动完成网络修复后，软件将出现"已完成修复，请验证问题是否解决?"的提示信息对话框，如图 4-1-5 所示。单击"点击验证"按钮后，浏览器会自动弹出腾讯官网，如果能打开网页，那么说明网络修复成功。

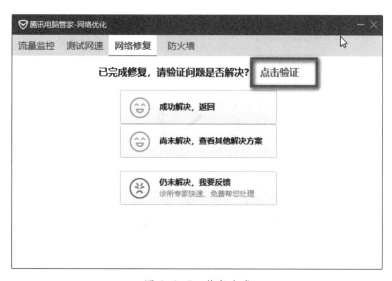

图 4-1-5　修复完成

二、测试网速

1. 测试网络带宽

电脑管家自带网络带宽测试工具。打开"工具箱"界面，单击"测试网速"按钮，如图 4-1-6 所示。

图 4-1-6　单击"测试网速"按钮

单击"测试网速"按钮后，软件将自动进行网速测试，并在"测试网速"界面中显示 IP 地址、运营商、平均下载速度和平均上传速度，如图 4-1-7 所示。

图 4-1-7　测试网速结果

在"测试网速"选项卡的左侧，还有"流量监控"选项卡，在此选项卡中，可以清晰地看到系统各程序访问网络和占用带宽的详细情况，如图 4-1-8 所示。

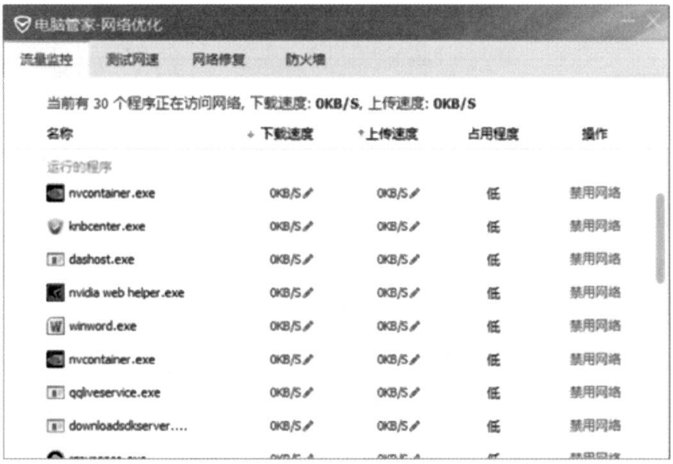

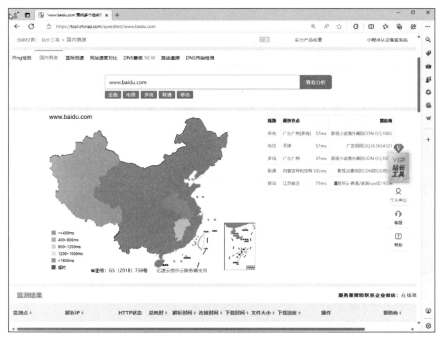

图 4-1-8 流量监控

2. 测试网络延时

在浏览器地址栏中输入"ping.chinaz.com",进入站长之家官网。在页面内找到"国内测速",选择需要测试的线路类型后输入需要测试的网站网址(此处以"baidu.com"为例),然后单击"查看分析"按钮开始进行网络延时测试。

耐心等待一段时间后,页面将显示测试结果,页面左侧以颜色表示本机到地图中各个服务器的网络访问延时,右侧则以表格的形式列出了对应的详细延时数据信息,如图 4-1-9 所示。

图 4-1-9 测试网络延时

一、网速的基本概念

1. 网络带宽

网络带宽是指在单位时间（一般指 1 s）内能传输的数据量。网络和高速公路类似，带宽越大，车道越多，通行能力越强。网络带宽作为衡量网络特征的一个重要指标，日益受到人们的关注，它不仅是政府或单位制订网络通信发展策略的重要依据，也是互联网用户选择互联网接入服务商的主要考虑因素。

在日常上网过程中，通过文件下载速度显示也能粗略估算出带宽。但是因为 ISP 提供的线路带宽使用的单位是比特（bit），而一般下载软件显示的是字节（Byte，1 Byte=8 bit），所以要通过换算，才能得到带宽值。

2. 网络延时

网络延时是一个数据包从用户计算机发送到网站服务器，然后再从网站服务器返回用户计算机的来回时间，单位为 ms。

网络延时的高低与网速快慢的直观感受关系密切。1~30 ms 为极快，几乎察觉不出有延迟，网络特别顺畅；31~50 ms 为良好，没有明显的延迟情况；51~100 ms 为普通，能感觉出有延迟情况；>100 ms 为差，延迟情况严重，会出现丢包甚至掉线现象。

二、常见网络故障

1. 桌面右下角网络图标出现红叉或感叹号

故障原因：物理连接（网卡、路由器等）、驱动与硬件故障，网络协议配置错误。

2. 上网速度缓慢

故障原因：有其他软件或设备大量占用带宽、DNS 服务器解析缓慢。

3. 无线连接不上或连接上后无法访问网络

故障原因：无线网卡驱动故障、手动设置了错误的 IP 地址、路由配置错误等。

4. 无法打开网页，但是 QQ 能正常登录

故障原因：DNS 服务失效或手动配置了错误的 DNS 地址。

三、一般网络故障排除流程

面对一般网络故障，可以按照检查系统 TCP/IP 协议→检查网卡→检查网线→检查

路由器→检查 Modem（调制解调器）→联系宽带服务提供商的顺序进行故障排除。其中，系统 TCP/IP 协议、网卡和路由器的检查可借助 ping、ipconfig、tracert 等命令进行，具体方法参见后续任务，检查网线、检查 Modem（调制解调器）和联系宽带服务提供商的方法如下。

1. 检查网线

如果系统本身的网络协议正常，测试本机的 IP 地址也正常，那么接下来就应该检查整个网络系统的网线连接是否稳固，以及各条网线本身是否存在故障。

如图 4-1-10 所示，一般家庭网络系统的网线包括"网卡到路由器"和"路由器到 Modem"两部分。可以通过重新插拔网线、更换网线、更换网线在路由器以及 Modem 上的网络接口等方法来排除网线故障。

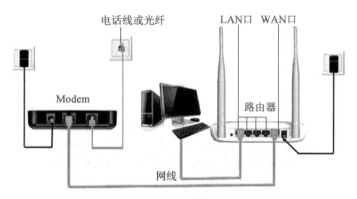

图 4-1-10　家庭网络的组成

2. 检查 Modem

（1）检查 Modem 工作状态

一般 Modem 上都有 PWR（电源）、DSL（宽带拨号成功）、LAN（局域网）等各种指示灯，如图 4-1-11 所示，通过这些指示灯的不同点亮状态可以指示出 Modem 的不同工作状态。

图 4-1-11　Modem 的指示灯

PWR 灯是电源指示灯。如果已连接电源，但 PWR 灯不亮，说明设备硬件存在故障。

DSL 灯用于显示 Modem 的同步情况。常亮绿灯表示 Modem 与局端能够正常同步，红灯表示没有同步，绿灯闪烁表示正在建立同步，时亮时灭表示有可能是受室内电话分机的影响。

LAN 灯用于显示 Modem 与网卡或路由器的连接是否正常，如果此灯不亮，说明 Modem 与网卡或路由器的连接存在问题，当网线中有数据传送时，此灯会闪烁。

（2）Modem 故障排查方法

1）检查电话线或光纤

检查入户后的分离器是否接好；检查分离器前是否接有其他设备，接线盒或水晶头是否完好；检查电话线是否有损坏；检查光纤是否折断或与 Modem 连接处存在脱落的情况等。

2）复位 Modem

在接通电源的情况下，找到设备后面的复位键，如图 4-1-12 所示，用笔芯等坚硬物品按压复位键，并保持按压状态 10 s 以上，即复位成功。

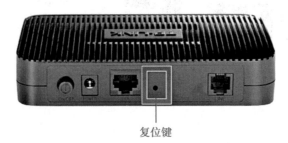

复位键

图 4-1-12　复位 Modem

3. 联系宽带服务提供商

在按顺序进行了所有故障排除操作的情况下，如果网络故障依旧存在，那么可联系宽带服务提供商，获取技术服务支持，常见宽带服务提供商的客服电话见表 4-1-1。

表 4-1-1　常见宽带服务提供商的客服电话

宽带提供商	客服电话
移动	10086
电信	10000
联通	10010
长城宽带	95079
铁通	10050

思考与练习

1. 使用 360 安全卫士、百度卫士等网络修复软件进行网络检测和修复，并分析对比它们各自的优缺点。

2. 分析无线 Wi-Fi 无法连接或连接上了但无法打开网页的故障原因。

任务 2 使用 ping 命令检查网络故障

学习目标

1. 掌握使用 ping 命令检查网络故障的方法。
2. 熟悉 ping 命令的常用参数。

任务引入

ping 命令的作用是通过发送"Internet 控制消息协议（ICMP）"回响请求消息来验证与另一台 TCP/IP 计算机的 IP 级连接状态，回响应答消息的接收情况将和往返过程的次数一起显示出来。

正常情况下，当使用 ping 命令来查找问题所在或检验网络运行情况时，需要使用许多 ping 命令。如果所有运行都正确，则可以相信基本的连通性和配置参数没有问题；如果某些 ping 命令出现运行故障，那么可以指明到何处去查找问题。本任务就来了解一个典型的检测顺序及对应的可能状态。

一、启动"命令提示符"窗口

依次单击"开始"→"所有程序"→"附件"→"命令提示符"，打开"命令提示符"窗口，如图 4-2-1 所示。或利用组合键"Win+R"打开"运行"对话框，在"运行"项目栏"打开"文本框中输入命令"cmd"，单击"确定"按钮，打开"命令提示符"窗口。

图 4-2-1 "命令提示符"窗口

二、ping 127.0.0.1

在"命令提示符"窗口中执行命令：ping 127.0.0.1（127.0.0.1 是回送地址，指本地机）。这个地址只要操作系统正常，即使网卡未插网线，也是一直存在的。这条 ping 命令被送到本地计算机的回送地址，正常状态下的测试结果如图 4-2-2 所示。

```
C:\>ping 127.0.0.1

Pinging 127.0.0.1 with 32 bytes of data:

Reply from 127.0.0.1: bytes=32 time<1ms TTL=128
Reply from 127.0.0.1: bytes=32 time<1ms TTL=128
Reply from 127.0.0.1: bytes=32 time<1ms TTL=128
Reply from 127.0.0.1: bytes=32 time<1ms TTL=128

Ping statistics for 127.0.0.1:
    Packets: Sent = 4, Received = 4, Lost = 0 <0% loss>,
Approximate round trip times in milli-seconds:
    Minimum = 0ms, Maximum = 0ms, Average = 0ms

C:\>
```

图 4-2-2 正常状态下的测试结果（ping 127.0.0.1）

如果在运行 ping 命令结果中时间超时，那么表示 TCP/IP 的安装或运行存在某些最基本的问题，如网卡接触不良、网卡损坏等。

三、ping 本机 IP

在"命令提示符"窗口中执行命令：ping 192.168.1.4（192.168.1.4 为本机的 IP 地址，在实际操作中，本机的 IP 地址可以通过 ipconfig 命令或其他方法查询）。这条 ping 命令被送到本地计算机所配置的 IP 地址，计算机始终都应该对 ping 命令做出应答，如果没有，则表示本地配置或安装存在问题。出现此问题时，用户可以断开网络电缆，然后重新发送该命令。如果网线断开后本命令正确，则表示另一台计算机可能配置了相同的 IP 地址，正常状态下的测试结果如图 4-2-3 所示。

图 4-2-3　正常状态下的测试结果（ping 本机 IP）

四、ping 局域网内的其他 IP

在"命令提示符"窗口中执行命令：ping 192.168.1.3（192.168.1.3 为局域网内另外一台计算机的 IP 地址）。这条 ping 命令经过网卡及传输介质到达局域网内的其他计算机再返回。正确收到应答表明本地网络中的网卡及传输介质运行正常，如果收到 0 个应答则表示局域网传输介质或局域网相关配置存在问题，正常状态下的测试结果如图 4-2-4 所示。

图 4-2-4　正常状态下的测试结果（ping 局域网内的其他 IP）

值得注意的是，如果在 ping 命令的目标计算机上安装有防火墙，并且对 ping 命令进行了限制，那么此时 ping 命令也不会正常收到应答。

五、ping 网关 IP

在"命令提示符"窗口中执行命令：ping 192.168.1.1（192.168.1.1 为当前的网关 IP，实际操作中，网关 IP 可以通过 ipconfig 命令或者其他方法查询）。这条 ping 命令如果应答正确，则表示局域网中的网关路由器正在运行并能够做出应答，正常状态下的测试结果如图 4-2-5 所示。

```
C:\>ping 192.168.1.1

Pinging 192.168.1.1 with 32 bytes of data:

Reply from 192.168.1.1: bytes=32 time<1ms TTL=64
Reply from 192.168.1.1: bytes=32 time<1ms TTL=64
Reply from 192.168.1.1: bytes=32 time<1ms TTL=64
Reply from 192.168.1.1: bytes=32 time<1ms TTL=64

Ping statistics for 192.168.1.1:
    Packets: Sent = 4, Received = 4, Lost = 0 (0% loss),
Approximate round trip times in milli-seconds:
    Minimum = 0ms, Maximum = 0ms, Average = 0ms

C:\>
```

图 4-2-5　正常状态下的测试结果（ping 网关 IP）

六、ping 远程 IP

在"命令提示符"窗口中执行命令：ping 61.159.232.73（61.159.232.73 为一远程 IP）。这条 ping 命令可以检测计算机能否访问 Internet，如果应答正确则表明计算机能够正常访问 Internet，正常状态下的测试结果如图 4-2-6 所示。

```
C:\>ping 61.159.232.73

Pinging 61.159.232.73 with 32 bytes of data:

Reply from 61.159.232.73: bytes=32 time=17ms TTL=59
Reply from 61.159.232.73: bytes=32 time=15ms TTL=59
Reply from 61.159.232.73: bytes=32 time=15ms TTL=59
Reply from 61.159.232.73: bytes=32 time=15ms TTL=59

Ping statistics for 61.159.232.73:
    Packets: Sent = 4, Received = 4, Lost = 0 (0% loss),
Approximate round trip times in milli-seconds:
    Minimum = 15ms, Maximum = 17ms, Average = 15ms

C:\>
```

图 4-2-6　正常状态下的测试结果（ping 远程 IP）

在此条命令中，也可以直接利用 ping 命令来 ping 某个域名，这样既能检测出计算机能否正常访问互联网，同时也可以检测出目标网站的可访问性。例如，在"命令提示符"窗口中执行命令：ping www.baidu.com，既可检测出计算机能否上网，又能检测出网站 www.baidu.com 能否访问，正常状态下的测试结果如图 4-2-7 所示。

```
Microsoft Windows [版本 10.0.22631.3007]
(c) Microsoft Corporation。保留所有权利。

C:\Users\czyxx>ping www.baidu.com

正在 Ping www.a.shifen.com [36.155.132.76] 具有 32 字节的数据：
来自 36.155.132.76 的回复: 字节=32 时间=10ms TTL=54
来自 36.155.132.76 的回复: 字节=32 时间=10ms TTL=54
来自 36.155.132.76 的回复: 字节=32 时间=11ms TTL=54
来自 36.155.132.76 的回复: 字节=32 时间=11ms TTL=54

36.155.132.76 的 Ping 统计信息：
    数据包：已发送 = 4，已接收 = 4，丢失 = 0 (0% 丢失)，
往返行程的估计时间(以毫秒为单位)：
    最短 = 10ms，最长 = 11ms，平均 = 10ms

C:\Users\czyxx>S
```

图 4-2-7　正常状态下的测试结果（ping www.baidu.com）

七、关闭"命令提示符"窗口

单击"命令提示符"窗口右上角的⊠按钮，或在"命令提示符"窗口中执行命令：exit，即可退出"命令提示符"窗口。

如果上面列出的所有 ping 命令都能正常运行，则表示计算机进行本地和远程通信的功能没有问题。但是，这并不表示所有的网络配置都没有问题。例如，某些子网掩码错误就无法用 ping 命令检测到。因此，ping 命令只能用来进行最基本的网络测试，它并不是万能的。

一、ping 命令简介

ping（packet internet grope，因特网包探索器）是测试网络连接状况以及信息包发送和接收状况非常有用的工具，是计算机系统中网络测试最常用的命令。

ping 命令向目标主机（地址）发送一个回送请求数据包，要求目标主机收到请求后给予答复，从而判断网络的响应时间和本机是否与目标主机（地址）连通。

如果执行 ping 命令不成功，那么可以预测故障出现在网线故障、网络适配器配置不正确、IP 地址不正确等方面。如果执行 ping 命令成功而网络仍无法使用，那么问题很可能出在网络系统的软件配置方面。ping 命令成功只能保证本机与目标主机间存在一条连通的物理路径。

二、ping 命令的执行结果

1. 正常的执行结果

按照缺省设置，Windows 上运行的 ping 命令发送 4 个数据包，每个数据包大小为 32 字节，如果一切正常，应能得到 4 个回送应答，如图 4-2-8 所示。

```
Reply from 192.168.1.4: bytes=32 time<1ms TTL=128
Reply from 192.168.1.4: bytes=32 time<1ms TTL=128
Reply from 192.168.1.4: bytes=32 time<1ms TTL=128
Reply from 192.168.1.4: bytes=32 time<1ms TTL=128

Ping statistics for 192.168.1.4:
    Packets: Sent = 4, Received = 4, Lost = 0 (0% loss),
Approximate round trip times in milli-seconds:
    Minimum = 0ms, Maximum = 0ms, Average = 0ms
```

图 4-2-8　ping 命令正常的执行结果

其中，time 表示发送回送请求到返回回送应答之间的时间量。如果应答时间短，表示数据报不必通过太多的路由器或网络，连接速度比较快。

TTL（time to live，生存时间）是指 ping 命令发送的这一个数据包能在网络上存在的时间。当对网络上的主机进行 ping 操作时，本地机器会发出一个数据包，数据包经过一定数量的路由器传送到目的主机，但是由于很多原因，一些数据包不能正常传送到目的主机，如果不给这些数据包一个生存时间，这些数据包会一直在网络上传送，导致网络消耗增大。当数据包传送到一个路由器之后，TTL 就自动减 1，如果减到 0 后还没有传送到目的主机，就会自动丢失。

2. 常见的失败反馈信息

（1）Request timed out（请求超时）

这是比较常见的 ping 命令执行失败信息，出现这一反馈信息的原因可能是以下几种情况。

1）对方已关机，或者网络上根本没有这个地址。

2）对方与自己不在同一网段内，通过路由也无法找到对方。

3）对方确实存在，但设置了 ICMP 数据包过滤（如防火墙设置）。

（2）Destination host unreachable（无法到达目标主机）

出现这一反馈信息的原因可能是以下几种情况。

1）对方与自己不在同一网段内，而自己又未设置默认路由。

2）网线有故障。

"Request timed out" 和 "Destination host unreachable" 的区别是，如果所经过的路由器的路由表中具有到达目标的路由，而目标因为其他原因不可到达，这时候会出现 "Request timed out"；如果路由表中连到达目标的路由都没有，就会出现 "Destination host unreachable"。

（3）ping request could not find host…Please check the name and try again（ping 命令无法找到指定主机，请检查主机名后重试）

产生这个错误的可能原因如下。

1）主机名错误，输入的主机名有误，常见于拼写和大小写错误。

2）网络连接有问题，计算机无法连接网络，导致 ping 命令无法解析主机名。

3）DNS 解析错误，DNS 服务器出现问题或配置错误，导致无法解析主机名。

4）防火墙或安全软件阻止了 ping 请求，某些防火墙或安全软件可能会阻止 ping 请求，以保护计算机的安全。

三、ping 命令的语法格式及常用参数

1. ping 命令的语法格式

ping［−t］［−a］［−n count］［−l size］［−f］［−i TTL］［−r count］［−s count］［−w timeout］target_name

2. ping 命令的常用参数

（1）−t　连续对 IP 地址执行 ping 命令。在默认情况下，ping 命令只发送 4 个数据包，通过这个参数可以向目标地址连续不断地发送数据包，直到用户以"Ctrl+C"组合键中断为止。

（2）−a　解析计算机 NetBIOS 名。

（3）−n count　发送 count 指定数量的数据包数。在默认情况下，ping 命令只发送 4 个数据包，通过这个参数可以自定义发送的数据包个数。

（4）−l size　定义数据包大小。在默认情况下，ping 命令发送的数据包大小为 32 字节，通过这个参数可以自定义数据包的大小，但最大只能定义为 65 500 字节。

（5）−f　在数据包中发送"不要分段"标识。一般情况下，用户所发送的数据包都会通过路由分段再发送给对方，加上此参数后路由就不再对数据包进行分段处理。

（6）−i TTL　将"生存时间"字段设置为 TTL 指定的值。指定 TTL 值在对方的系统里停留的时间，同时检查网络的运转情况。

（7）−r count　在"记录路由"字段中记录传出和返回数据包的路由。一般情况下，用户发送的数据包是通过一个个路由才到达对方的，通过此参数就可以设定用户想探测经过的路由的个数，通常限制在 9 个以内，也就是说只能跟踪到 9 个路由，如果想探测更多，可以通过 tracert 命令实现。

（8）−s count　指定 count 跃点数的时间戳，其与参数 −r 作用类似，但此参数不记录数据包返回所经过的路由，最多只记录 4 个。

（9）−w timeout　将超时间隔设置为 timeout 指定的值，单位为 ms。

（10）target_name　指定要 ping 的远程计算机。

使用 ping 命令测试计算机网络连接情况是否正常。如不正常，测试哪里出现了故障。

任务 3　使用 ipconfig 命令查看网络配置

1. 掌握利用 ipconfig 命令查询网络配置的方法。
2. 熟悉 ipconfig 命令的常用参数。

了解计算机当前的 IP 地址、子网掩码和默认网关是进行网络测试和故障分析的必要项目。当计算机的 IP 地址被配置为静态 IP 时，可以很容易地利用 Windows 操作系统的"Internet 协议（TCP/IP）属性"对话框查看、修改计算机的网络配置。但很多时候，计算机常被配置为"自动获得 IP 地址"，此时计算机的 IP 地址、子网掩码、默认网关等信息都是自动获取的。在这种情况下，利用 ipconfig 命令就可以快速地查询计算机当前的网络配置情况。

一、使用 ipconfig 命令查看网络基本配置

在"命令提示符"窗口中执行命令：ipconfig，即可查看计算机当前的 IP 地址、子

网掩码和默认网关等基本网络配置信息，如图 4-3-1 所示。

图 4-3-1　使用 ipconfig 命令查看网络基本配置

二、使用 ipconfig 命令查看完整的网络配置

在"命令提示符"窗口中执行命令：ipconfig/all，即可查看计算机当前的主机名、网卡信息、IP 地址、子网掩码、默认网关、DHCP 和 DNS 等详细网络配置信息，如图 4-3-2 所示。

图 4-3-2　使用 ipconfig 命令查看完整的网络配置

三、使用 ipconfig 命令释放 / 更新动态分配的 IP 地址

这一组 ipconfig 命令只适用于启用了 DHCP 的计算机。

1. 在"命令提示符"窗口中执行命令：ipconfig/release，此时将释放动态分配的 IP 地址，计算机的 IP 地址和子网掩码将变成"0.0.0.0"，如图 4-3-3 所示。

```
C:\>ipconfig/release

Windows IP Configuration

Ethernet adapter 本地连接:

        Connection-specific DNS Suffix  . :
        IP Address. . . . . . . . . . . : 0.0.0.0
        Subnet Mask . . . . . . . . . . : 0.0.0.0
        Default Gateway . . . . . . . . :

C:\>
```

图 4-3-3　使用 ipconfig 命令释放动态分配的 IP 地址

2. 在"命令提示符"窗口中执行命令：ipconfig/renew，此时将重新为计算机动态分配 IP 地址，如图 4-3-4 所示。

```
C:\>ipconfig/renew

Windows IP Configuration

Ethernet adapter 本地连接:

        Connection-specific DNS Suffix  . :
        IP Address. . . . . . . . . . . : 192.168.1.4
        Subnet Mask . . . . . . . . . . : 255.255.255.0
        Default Gateway . . . . . . . . : 192.168.1.1

C:\>
```

图 4-3-4　使用 ipconfig 命令更新动态分配的 IP 地址

值得注意的是，大多数情况下网卡将被重新赋予与释放前相同的 IP 地址。

四、使用 ipconfig 命令清除 DNS 客户端缓存中的信息

若出现使用域名无法打开网站，但直接使用 IP 地址可以打开网站的情况，很可能是因为用户的 DNS 缓存过期引起的。要解决这类问题，可以使用 ipconfig 命令手动清除 DNS 缓存中的信息，具体操作方法如下。

1. 在"命令提示符"窗口中执行命令：ipconfig/flushdns，即可清除 DNS 缓存中的信息，如图 4-3-5 所示。

```
C:\>ipconfig/flushdns

Windows IP Configuration

Successfully flushed the DNS Resolver Cache.

C:\>
```

图 4-3-5　使用 ipconfig 命令清除 DNS 客户端缓存中的信息

2. 在"命令提示符"窗口中执行命令：ipconfig/displaydns，即可显示 DNS 缓存情况，如图 4-3-6 所示。从显示的缓存情况可以看出，DNS 缓存已被成功清除。

```
C:\>ipconfig/displaydns

Windows IP Configuration

        1.0.0.127.in-addr.arpa
        ---------------------------------------
        Record Name . . . . . : 1.0.0.127.in-addr.arpa.
        Record Type . . . . . : 12
        Time To Live . . . . : 575056
        Data Length . . . . . : 4
        Section . . . . . . . : Answer
        PTR Record . . . . . : localhost


        localhost
        ---------------------------------------
        Record Name . . . . . : localhost
        Record Type . . . . . : 1
        Time To Live . . . . : 575056
        Data Length . . . . . : 4
        Section . . . . . . . : Answer
        A (Host) Record . . . : 127.0.0.1

C:\>
```

图 4-3-6　显示 DNS 缓存情况

相关知识

一、ipconfig 命令简介

ipconfig 命令主要用于查看计算机当前 TCP/IP 协议的配置情况是否正确。如果用户的计算机和所在的局域网使用了动态主机配置协议（DHCP），这个网络命令会更加实用。这时，可以通过 ipconfig 命令查看详细的 TCP/IP 协议配置情况，并可以释放、重新租用 IP 地址，清除、显示 DNS 客户端缓存中的信息。

二、ipconfig 命令的语法格式及常用参数

1. 语法格式

ipconfig［/all］［/renew］［/release］［/flushdns］［/displaydns］［/registerdns］［/showclassid］［/setclassid］

2. 命令参数

（1）/all　显示本机 TCP/IP 协议配置的详细信息。

（2）/renew　DHCP 客户端手工向服务器刷新请求。

（3）/release　DHCP 客户端手工释放 IP 地址。

（4）/flushdns　清除本地 DNS 缓存内容。

（5）/displaydns　显示本地 DNS 内容。

（6）/registerdns　DNS 客户端手工向服务器进行注册。

（7）/showclassid　显示网络适配器的 DHCP 类别信息。

（8）/setclassid　设置网络适配器的 DHCP 类别。

一、获取命令语法格式和参数说明的方法

在"命令提示符"窗口中执行"命令 /?"，即可显示出命令的语法格式和相关的参数说明。例如，执行"ipconfig/?"，即可显示出 ipconfig 命令的语法格式和详细的参数说明，如图 4-3-7 所示。

```
C:\>ipconfig/?

USAGE:
    ipconfig [/? | /all | /renew [adapter] | /release [adapter] |
             /flushdns | /displaydns | /registerdns |
             /showclassid adapter |
             /setclassid adapter [classid] ]

where
    adapter          Connection name
                     (wildcard characters * and ? allowed, see examples)

    Options:
       /?            Display this help message
       /all          Display full configuration information.
       /release      Release the IP address for the specified adapter.
       /renew        Renew the IP address for the specified adapter.
       /flushdns     Purges the DNS Resolver cache.
       /registerdns  Refreshes all DHCP leases and re-registers DNS names
       /displaydns   Display the contents of the DNS Resolver Cache.
       /showclassid  Displays all the dhcp class IDs allowed for adapter.
       /setclassid   Modifies the dhcp class id.

The default is to display only the IP address, subnet mask and
default gateway for each adapter bound to TCP/IP.

For Release and Renew, if no adapter name is specified, then the IP address
leases for all adapters bound to TCP/IP will be released or renewed.

For Setclassid, if no ClassId is specified, then the ClassId is removed.

Examples:
    > ipconfig                   ... Show information.
    > ipconfig /all              ... Show detailed information
    > ipconfig /renew            ... renew all adapters
    > ipconfig /renew EL*        ... renew any connection that has its
                                     name starting with EL
    > ipconfig /release *Con*    ... release all matching connections,
                                     eg. "Local Area Connection 1" or
                                         "Local Area Connection 2"

C:\>
```

图 4-3-7　ipconfig 命令的语法格式和详细的参数说明

二、使用 hostname 命令查询计算机名

在"命令提示符"窗口中执行命令：hostname，即可快速查询当前计算机的计算机名，如图 4-3-8 所示，当前计算机的计算机名为"jia"。

图 4-3-8 使用 host 命令查询计算机名

1. 使用 ipconfig 命令查看计算机的详细网络配置。
2. 使用 ipconfig 命令释放动态分配的 IP 地址，并重新租用 IP 地址。

任务 4 使用 tracert 命令跟踪路由

1. 掌握使用 tracert 命令跟踪路由的方法。
2. 熟悉 tracert 命令的常用参数。

在进行网络故障诊断和测试时，有时候需要跟踪从本机到目的主机的路由情况，虽然使用 ping 命令的"-r count"参数也可以记录路由情况，但它只能跟踪 9 个路由信息。此时，可以使用 tracert 命令，该命令可以跟踪数据包到达目的主机所经过的详细路径，显示数据包经过的中继节点清单及到达时间，这些数据在某些特定的情况下可

以对网络故障的诊断和测试起到一定的帮助。

任务实施

一、使用 tracert 命令跟踪指定主机的路由情况

在"命令提示符"窗口中执行命令：tracert www.yunnan.cn（这里以 www.yunnan.cn 为例），即可显示出从本机到 www.yunnan.cn 的路由情况，如图 4-4-1 所示。

```
C:\>tracert www.yunnan.cn

Tracing route to www.yunnan.cn [116.55.226.112]
over a maximum of 30 hops:

  1    12 ms    15 ms    15 ms  1.110.54.116.broad.km.yn.dynamic.163data.com.cn
[116.54.110.1]
  2    15 ms    15 ms    15 ms  73.1.115.112.broad.km.yn.dynamic.163data.com.cn
[112.115.1.73]
  3    15 ms    15 ms    15 ms  21.255.53.116.broad.km.yn.dynamic.163data.com.cn
[116.53.255.21]
  4    15 ms    15 ms    15 ms  222.221.31.237
  5    15 ms    15 ms    15 ms  222.221.31.50
  6    15 ms    15 ms    15 ms  220.165.1.34
  7    15 ms    15 ms    15 ms  112.226.55.116.broad.km.yn.dynamic.163data.com.c
n [116.55.226.112]

Trace complete.

C:\>
```

图 4-4-1　使用 tracert 命令跟踪指定主机的路由情况

二、使用 tracert 命令跟踪指定主机的路由情况，并防止将每个 IP 地址解析为它的路由器名称

在"命令提示符"窗口中执行命令：tracert –d www.yunnan.cn，即可显示出从本机到 www.yunnan.cn 的路由情况，并且只以 IP 地址的形式显示，如图 4-4-2 所示。

```
C:\>tracert -d www.yunnan.cn

Tracing route to www.yunnan.cn [116.55.226.112]
over a maximum of 30 hops:

  1    23 ms    15 ms    15 ms  116.54.110.1
  2    15 ms    15 ms    15 ms  112.115.1.73
  3    15 ms    15 ms    15 ms  116.53.255.21
  4    15 ms    15 ms    15 ms  222.221.31.237
  5    15 ms    15 ms    15 ms  222.221.31.50
  6    15 ms    31 ms    15 ms  220.165.1.34
  7    15 ms    15 ms    15 ms  116.55.226.112

Trace complete.

C:\>
```

图 4-4-2　以 IP 地址的形式显示路由情况

一、tracert 命令简介

tracert 命令是 Windows 操作系统自带的一个路由跟踪实用程序，用于确定 IP 数据包访问目标所采取的路径。该命令用 IP 生存时间（TTL）字段和 ICMP 错误消息来确定从一个主机到网络上其他主机的路由。

二、tracert 工作原理

通过向目标发送不同 IP 生存时间（TTL）值的"Internet 控制消息协议（ICMP）"回应数据包，tracert 诊断程序确定到目标所采取的路由。要求路径上的每个路由器在转发数据包之前至少将数据包上的 TTL 递减 1。数据包上的 TTL 减为 0 时，路由器将"ICMP 已超时"的消息发回源系统。

tracert 先发送 TTL 为 1 的回应数据包，并在随后的每次发送过程中将 TTL 递增 1，直到目标响应或 TTL 达到最大值，从而确定路由。通过检查中间路由器发回的"ICMP 已超时"的消息确定路由。但某些路由器不经询问直接丢弃 TTL 过期的数据包，这在 tracert 实用程序中看不到。

三、tracert 命令的语法格式及常用参数

1. 语法格式

tracert［–d］［–h maximum_hops］［–j host–list］［–w timeout］target_name

2. 常用参数

（1）–d　指定不将 IP 地址解析到主机名称。

（2）–h maximum_hops　指定跃点数以跟踪到称为 target_name 的主机的路由，默认为 30 个跃点。

（3）–j host–list　指定 tracert 实用程序数据包所采用路径中的路由器接口列表。

（4）–w timeout　等待 timeout 为每次回复所指定的毫秒数。

（5）target_name　目标主机的名称或 IP 地址。

知识拓展

tracert 命令执行结果分析

［示例 1］

C:\>tracert –d 116.53.255.41

Tracing route to 116.53.255.41 over a maximum of 30 hops

1   72 ms 31 ms 15 ms 116.54.110.1

2   15 ms 15 ms 15 ms 222.172.200.153

3   15 ms 15 ms 15 ms 116.53.255.41

Trace complete.

从命令执行情况可以看出，数据包必须通过两个路由器 116.54.110.1 和 222.172.200.153 才能到达目的主机 116.53.255.41。

［示例 2］

C:\>tracert 192.168.10.99

Tracing route to 192.168.10.99 over a maximum of 30 hops

1   10.0.0.1   reports：Destination net unreachable

Trace complete.

从命令执行情况可以看出，默认网关确定 192.168.10.99 主机没有有效路径，这可能是路由器配置的问题，或是找不到目标网络（192.168.10.0/24 网段）。

思考与练习

使用 tracert 命令跟踪从本机到 www.sina.com.cn 的路由情况，并防止每个 IP 地址解析它的路由器名称。